避开DTP及印刷陷阱，
完美呈现设计效果！

设计师一定要懂的基础印刷学

PIE International　编著　　古又羽　译

三度

SPM
南方传媒　岭南美术出版社

中国·广州

"注音要怎么标？""植绒印刷（flock printing）是什么？""8 段 3 行广告？"等。

不论你是想成为平面设计师或是已经从事设计工作，本书都是专门为你量身定做。除了基础知识之外，还包含各种疑难杂症的解答。希望能在你感到困惑时助你一臂之力，请让这本书和这些可爱角色常伴你左右吧！

全都是一定要
知道的基础知识

* 本书教程基于日文环境进行。

目　录

1 文字与排版 ···································· 009

2 色彩与配色 ···································· 043

7 印刷和装订 139

附录 169

新进设计师

刚入行的女孩，每天都为了成为独当一面的设计师而努力。有时会穿着洋装，展现时尚感。

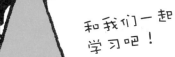

和我们一起学习吧！

前辈

女孩工作的设计工作室的前辈，担任 AD（艺术总监）。条纹衬衫是他的"注册商标"，裤子长度偏短。

主要的

登场人物（& 动物）介绍

小喵

小汪的好朋友，偶尔闭目养神，尾巴有点长。

zzzz

小汪

无时无刻都和女孩待在一起。毛很蓬松柔软，有时会用两只脚走路。

雀跃

① 设计师的工作有哪些？设计、制作的工作流程概述

负责设计杂志、书籍、海报和折页广告等主要印刷品的平面设计师，工作内容具体有哪些？让我们一同来了解设计师的工作流程。

设计师在做什么？

印刷品集结了各领域专业人士的心血，诸如编辑、撰稿人、摄影师、插画家、修图师（retoucher）及印刷厂师傅等，并结合众多工序才得以完成。书籍、杂志、出版物和广告之间的细部流程虽有所差异，但是基本流程皆为"企划→编辑→设计、制作→印刷、加工"。原则上，设计师负责的是其中的设计、页面版型制作（决定页面整体形式，例如文字大小、字体、配色等）和视觉选择，以及文字和图片编排等。主导整个流程的则是编辑与项目负责人（project director）。设计师要设计到什么程度依项目而定，然而，为了能顺利地制作，预先了解各工序的流程和基本知识非常重要。

印刷品完成前的流程

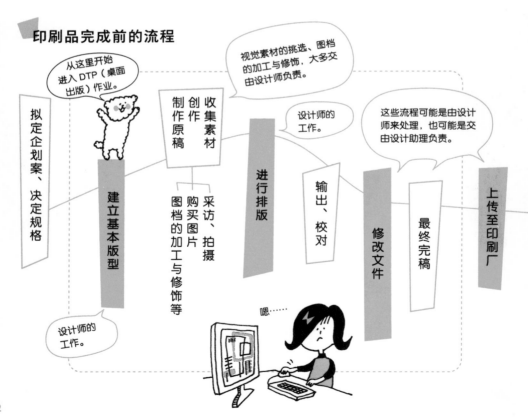

何谓 DTP（桌面出版）？

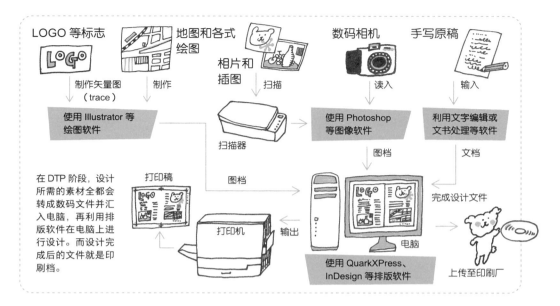

现在的印刷品几乎都是通过 DTP（desktop publishing，桌面出版）来设计制作的。设计所需的所有素材会转为数码文件并汇入电脑，再利用排版软件来设计，制作出印刷用的文件。这里的基本流程，是由设计师先构思要怎么设计，再由设计助理据此制作印刷用的文件，不过也可能是由设计师一个人全部做完，或是由编辑来负责DTP，这些情况都不在少数。

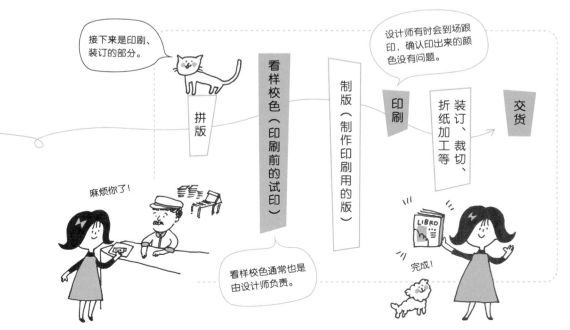

② 设计师的工作环境 1：
必备的基本硬件

如要通过 DTP 设计，电脑当然不可或缺。现在 DTP 作业已经十分普及，从事设计一定要具备以下制作环境。

首先要具备的基本系统

想要使用 DTP 来设计，必须先准备电脑主机、显示器和鼠标等硬件，电脑里再安装好下图提及的排版和绘图软件，这样才能开始进行 DTP。此外，用来打印完稿的打印机、将相片等读入电脑的扫描器、读取 CD-R 和 DVD-R 等储存媒体的光碟机，连接网络用的数据机和分享器等不同用途的周边硬件，也需要备妥。这时要注意的是，客户和印刷厂等合作对象在读取文件时的设备是否能和自家的对应。DTP 软件很可能因为作业系统版本或电脑规格不同而发生无法打开文件的情况，因此，请预先确认合作对象的作业环境。

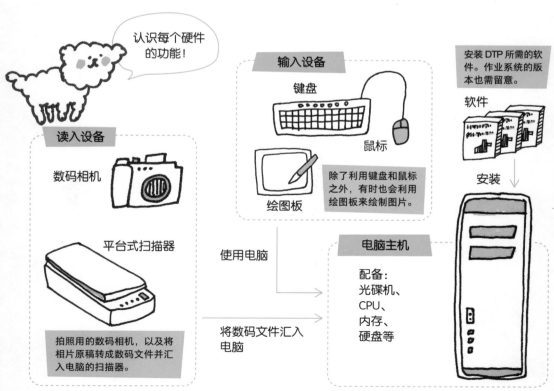

认识每个硬件的功能！

读入设备

数码相机

平台式扫描器

拍照用的数码相机，以及将相片原稿转成数码文件并汇入电脑的扫描器。

输入设备

键盘

鼠标

绘图板

除了利用键盘和鼠标之外，有时也会利用绘图板来绘制图片。

使用电脑

将数码文件汇入电脑

安装 DTP 所需的软件。作业系统的版本也需留意。

软件

安装

电脑主机

配备：
光碟机、
CPU、
内存、
硬盘等

这里是专有名词及相关用语的说明！

喵喵~

路由器、集线器

路由器的功能是让同一个网络的用户互相连接，就如同公司内部的区域网络和网际网络一般。而集线器则可将电脑和打印机连接至网络。

版本

可以用来辨别作业系统和软件的新旧版本。以 Mac 为例，通过点选〔苹果〕菜单→〔关于这台 Mac〕即可确认其版本。

其他必备工具

设计师需要的不只是电脑，必备工具还包括可作为字体挑选参考的字体集、挑选装帧等用纸时所需的纸张样本、指定专色时使用的色卡、检查相片原件的透写台和放大镜，以及 CMYK 浓淡深浅一览无遗的颜色表（color chart）等。这些都是设计工作室一直在用的工具。

 专色色卡

 纸张样本

 颜色表

 放大镜

 字体集

 透写台

网络

路由器

集线器

用以连接公司内部服务器和网际网络的网络连线装置。

打印完稿

输出设备

用来打印文件的打印机，分为高品质的激光打印机和简易的喷墨打印机两种。

激光打印机

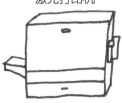

喷墨打印机

图像输出

荧幕

储存或读取文档

储存设备和光碟机

CD-R 光碟

DVD-R 光碟

外接硬盘、U盘等

存取外部文件时必备的设备，以及读取该媒介所需的光碟机。

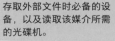

③ 设计师的工作环境 2：
必备的基本软件

通过 DTP 进行设计一定要有绘图和排版软件等软件。以下将介绍主要的 DTP 软件种类，以及其他实用的软件。

DTP 必备的基本软件

DTP 使用的软件主要可分为图像处理软件、绘图软件和排版软件三大类。

Adobe System 出品的 Photoshop、Illustrator 和 InDesign 是其中的代表，被许多设计师使用。然而，即使是同样的软件，旧版本通常无法启用新版本制作的文件。因此，在发送文件的时候，记得确认设计师、客户、出版社、印刷厂等对象的作业系统和软件环境。

主要软件有这三个！

图像处理软件 Ps

这是用来修正和加工数码图片及扫描图像等图档的软件，Adobe Photoshop 是其中的标准配备。这类软件可以调整图档的色调、明度和对比度，以及转换色彩模式、确认解析度、变更尺寸、去背景和图像合成等处理。虽然它也能够编辑文字和图形，不过并不适合用来执行排版作业。

Adobe Photoshop 的界面

绘图软件

这是用来绘制直线、曲线和图形的软件，绘制 LOGO、地图、插图及图表都很好用。这类软件也能随心所欲地进行文字输入或版面设计，所以经常用来处理广告传单等单张印刷品的设计排版，或用来设计书籍封面和商品包装。Adobe Illustrator 是这类软件的代表，虽然有时也会用它来设计页面，但是并不适合页数很多的书刊。

Adobe Illustrator 的界面

排版软件

这是用来为杂志、书籍和折页广告等多页印刷品做设计排版的软件，其特色是能够进行繁复的文字排版，不仅能把同一个版型套用至复数页面，还有编排页码等丰富的页面制作功能。目前大部分都采用 Adobe InDesign，少数人使用 Quark XPress。

Adobe InDesign 的界面

其他软件

在处理设计工作时，还会使用到其他各式各样的软件，例如处理文稿和表格资料的文字编辑软件和试算软件、快速浏览图档的图像管理软件、将印刷档等大体量文件上传至FTP软件（File Transfer Protocol，指文件传输协议，用于在网络上进行文件传输的一套标准协议），以及字体管理软件等，它们可以让你的工作更顺利，建议事先备妥。

灵活地使用软件，提升工作效率！

以 Microsoft Word 和 Jedit 来处理文稿，并用 Excel 处理表格资料。

Adobe Bridge 和 Mac 内建程序 iPhoto 在检视大量图像时，皆具备超高效率。

FTP 软件 Cyber-duck，以及能够管理大量字体的 Font Book 都是非常好用的软件。

AD ?
CD ?

艺术总监是设计师吗？
制作团队由哪些人员组成？

在实际的工作现场中，付出努力的不只是设计师，还有许多相关厂商和人员一起通力合作。以下是主要的人员组成。

广告、型录等

客户
（广告客户、广告代理商）
印刷物的发行者。客户通常会一次委托整个项目，除了负担制作相关费用，也负责成品的最终评估。有时也会发生广告客户直接坐镇指挥，或是中间有广告代理商参与的情形。

艺术/创意总监（art/creative director）
艺术总监又称 AD（亦称 CD），负责决定印刷物的视觉形象和设计。实际的版面设计通常会交由其他设计师来负责。

项目负责人（project director）
负责统筹项目的人，除了日程和预算之外，也要管理印刷物的质感和印刷品质。这个角色经常由广告代理商的员工、客户的广告负责人，或是设计工作室的员工来担任。

印刷厂
负责印刷物的印刷、装订和加工。当印刷物是广告的时候，对于正式印刷前的打样（又称色彩校正）及文件修改等，印刷厂必须在客户及创作者之间搭建好沟通的桥梁。另外，图档的扫描和修饰也可以交给印刷厂来处理。

设计师
依据 AD/CD 的指示进行版面设计。

支撑工作现场的还有这些人！

思考印刷物内容的文案人员、制作视觉素材的插画家和摄影师，以及被称作修图师的专业图片后期制作人。

杂志、书籍

出版社
杂志、书籍的发行者与经营者，负责决定各编辑部的预算分配和发行日程管理，并负责评估定价、发行数量，以及营销企划。

艺术总监
通常负责设计版型及书衣、书封，内页排版则由设计师处理。

编辑部
提出内容企划，管理制作进程和预算，挑选作者、设计师与插画家等。直到出版物正式出版之前，皆由编辑部全权处理。

印刷厂
负责印刷物的印刷、装订和加工。除了图片的扫描和修饰之外，置入文稿和根据版型进行的DTP 排版作业有时也会交由印刷厂承包。

设计师
依据 AD 设计的版型进行排版，基本上负责内页设计。

支撑工作现场的还有这些人！

写稿的撰稿人（若是书籍则为作者）、插画家、摄影师及修图师。

文字与排版

在版面设计中，文字排版要易于阅读是重点之一，一起来了解基本的字体选择和排版规则。

① 认识文字以成就好设计：字体的基本种类

在构思漂亮的文字排版之前，首先需要了解与文字有关的知识。下面将介绍字体的种类和各部分的名称。

字体的种类

　　字体大致可分为明体、黑体和其他种类，再依其细节细分成许多丰富的字体。

　　明体是以楷书为基础的字体，特征为横画和转折处的三角形"衬线"（serif），横细、竖粗，强弱分明，另有"提""撇""捺"等能够重现下笔轻重缓急的笔画。明体有着抑扬有别的曲线，给人优雅、高质感的印象，显得正式而庄重。

　　黑体的笔画粗细均等，并没有衬线等装饰。由于笔画的面积宽粗且色黑，所以易读性（legibility）优越，经常使用在标题等需要特别强调的文字上。此外，黑体笔画多呈直线，感觉强而有力，相较于令人联想到传统的明体，它显得随兴而爽朗。除了一般的黑体之外，还有笔画两端呈浑圆的圆体。

〔明体〕

衬线

あ 永

> 优雅、高质感、正式

这里使用的字体为 Ryumin M-KL。起笔和撇或捺的尖端纤细，兼具利落形象。

〔黑体〕

あ 永

> 强而有力、爽朗、随兴 ♪

这里使用的字体为中 Gothic BBB。笔画粗细均等，容易阅读，而且给人强而有力的观感。

其他各式各样的字体

　　除了明体和黑体之外，字体的种类实在包罗万象，例如和风的勘亭流字体、在学校学习笔顺和写法时作为范本的仿宋字体、就算文字小也能轻松阅读的新细明字体、古色古香的行书体、常见于广告和传单的 Fancy字体和手写风钢笔字体等。这些字体都有着强烈的个性，通常会运用在标题，而不会用在内文。

勘亭流字体 范例
色々な文字 〔使用字体：A-OTF 勘亭流 Std〕

仿宋字体 范例
色々な文字 〔使用字体：A-OTF 教科书 ICA Pro〕

新细明字体 范例
色々な文字 〔使用字体：A-OTF 每日新闻明朝 Pro〕

行书体 范例
色々な文字 〔使用字体：A-OTF 角新行书 Std〕

Fancy 字体 范例
色々な文字 〔使用字体：Haruhi Gakuen Std〕

手写风钢笔字体 范例
色々な文字 〔使用字体：HuiFont〕

＊译注：各式各样的字体

字体各部位的名称

　　字体是由撇、捺、点、提、收等笔画元素建构而成，形状会因为字体不同而有较大差距。此外，文字各笔画框出的空间称为"怀"，怀越大，这个字看起来就越大方，反之则显得锐利。

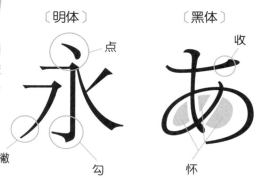

〔明体〕　　　〔黑体〕

字身和字面

　　汉字的每个字都像是被装在稿纸的方格里，字字方正。这些方格称为"字身"，而文字实际的大小则称为"字面"。只要文字大小相同，字身的大小也会一样，不过字面则会因为字体或文字而有所差异。例如，在字体相同的情况下，平假名的字面在设计上会略微小于汉字，而且即使都是平假名，"り"（ri）和"す"（su）的字面大小也不一样。

〔字身〕　　〔字面〕

猫……

字面的比较　黑框代表字身，粉红色块代表字面。

〔因字体而异〕

〔Midashi Go MB31〕　〔Shin Go〕

即使是同一个字，也会因为字体不同而在字面大小上有所差异。上图范例是同样大小的 Midashi Go MB31 和 Shin Go，字面较大的字体，几乎塞满整个字身，让人觉得很拥挤；字面较小的字体则在文字周围出现留白，显得清爽节制。

〔因文字而异〕

狗！

以上文字皆为相同字体且大小相同，所以字身大小也固定，但字面大小会因为文字不同而有所差异。

② 规则比汉字字体更严谨？西文字体的种类

西文字体也有各式各样的文字构造和规则。尽管西文字体经常用在标题等需要装饰的地方，但有了基本了解，以后在挑选字体和排版时就会更得心应手！

西文字体的部位和构造

跟汉字字体相同，西文字体也是由不同的元素组合而成的。汉字就算字体相同，各元素的细节还是会有细微变化，然而，西文字母的字体结构简单，所以各元素在形状和规则上都有缜密的规定。

西文字体的构造是以5条水平线为基准，大写和小写的高度相异。不同字体的基准线高度也可能不尽相同，倘若同时使用

两种以上的字体，通常会对齐其中的"基线"（baseline）。此外，有别于字身固定的汉字字体，西文字体属于"比例字体"（proportional font），即字宽会配合字面产生变动，字母之间的距离也不固定。于数位字体（digital font）中，只要输入文字，就会根据相邻字母的字面自动调整字间。

西文字体的主要元素和构造

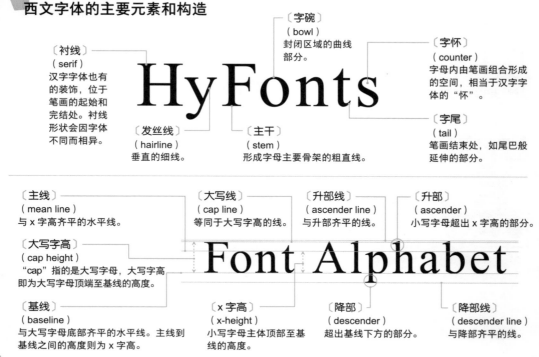

〔字碗〕
（bowl）
封闭区域的曲线部分。

〔字怀〕
（counter）
字母内由笔画组合形成的空间，相当于汉字字体的"怀"。

〔衬线〕
（serif）
汉字字体也有的装饰，位于笔画的起始和完结处。衬线形状会因字体不同而相异。

〔字尾〕
（tail）
笔画结束处，如尾巴般延伸的部分。

〔发丝线〕
（hairline）
垂直的细线。

〔主干〕
（stem）
形成字母主要骨架的粗直线。

〔主线〕
（mean line）
与x字高齐平的水平线。

〔大写线〕
（cap line）
等同于大写字高的线。

〔升部线〕
（ascender line）
与升部齐平的线。

〔升部〕
（ascender）
小写字母超出x字高的部分。

〔大写字高〕
（cap height）
"cap"指的是大写字母，大写字高即为大写字母顶端至基线的高度。

〔基线〕
（baseline）
与大写字母底部齐平的水平线。主线到基线之间的高度则为x字高。

〔x字高〕
（x-height）
小写字母主体顶部至基线的高度。

〔降部〕
（descender）
超出基线下方的部分。

〔降部线〕
（descender line）
与降部齐平的线。

衬线字体和无衬线字体

如同汉字的明体和黑体，西文字体也可大致分为衬线字体和无衬线字体。与汉字的明体相同，衬线字体的直画和横画粗细不同，较具有古典优雅的气氛。无衬线字体则和汉字的黑体一样，笔画粗细均等，形象较为现代。

衬线的形状因字体而异，其特征经常可反映出字体创作时的年代。

"sans"是法文中代表"没有"的前缀，所以"sans serif"就是"没有衬线"的意思。

其他各式各样的字体

西文字体同样种类繁多，除了基本的衬线字体和无衬线字体，"手写字体"（script font）亦变化丰富，从历史悠久且正式的书法风（calligraphy）字体到具现代感的随兴字体，应有尽有。"黑体"（Blackletter，或称哥德体）为西欧于12—15世纪使用的书写体，特征为笔画浓黑带有装饰线条，如英文的"Gothic script"。此外，西文字体中也包含"斜体"等倾斜的字体，用来在内文中强调语句。

手写字体 范例

The cat is on the piano.

〔使用字体：Shelley Volante Script〕
属于书法风字体，拥有线条流畅的装饰，给人正式而传统的印象。

黑体 范例

The cat is on the piano.

〔使用字体：Goudy Text MT〕
表现钢笔笔迹的字体，浓黑感显著，具有厚重且庄严的形象。

斜体 范例

The cat is on the piano.

〔使用字体：Times Semibold Italic〕
用于强调语句的斜体字。伪斜体虽然也属于斜体字，但是两者是不一样的。

* 译注：猫在钢琴上。

③ 粗细？系列？
何谓字体粗细和字体系列

字体粗细（weight）包含不同等级，而不同等级的同一字体集结起来，就是一个"系列"（family）。本章将帮助你建立字体系统及分类方法的正确观念。

日文字体的粗细和系列

字体线条粗细与文字大小是两种不同的概念，即使字体和大小都相同，只要粗细不同，呈现出来的感觉也会不一样。不同字体对于粗细的种类和标示可能有所差异，但名称中通常会由细到粗依序加上"Light"（细）、"Regular"（标准）、"Medium"（中）、"Bold"（粗）、"Heavy"（特粗）等字样。

以相同概念整合的同一字体内，所有

粗细不同的文字群组统称为"字体系列"（font family）。例如，Ryumin体从Light（细）到Ultra（极粗）共有8种等级的粗细，而它们全部都称为Ryumin体系列。设计时配合文字大小和用途使用同系列的字体，即可营造整体感，譬如将某字体系列的特粗体用于大标题，粗体用于小标题，标准体用于内文等。

观察相同字体的不同粗细

Kozuka（小冢）Gothic 字体系列

	粗细
あ 永	Extra Light（超细）〔EL〕
あ 永	Light（细）〔L〕
あ 永	Regular（标准）〔R〕
あ 永	Medium（中）〔M〕
あ 永	Bold（粗）〔B〕
あ 永	Heavy（特粗）〔H〕

Kozuka Gothic 字体系列中的同尺寸比较。字体即使粗细改变，字宽（字身）仍维持固定不变。

Ryumin 体系列

	粗细
あ 永	Light（细）〔L-KL〕
あ 永	Regular（标准）〔R-KL〕
あ 永	Medium（中）〔M-KL〕
あ 永	Bold（粗）〔B-KL〕
あ 永	Extra Bold（超粗）〔EB-KL〕
あ 永	Heavy（特粗）〔H-KL〕
あ 永	Extra Heavy（超特粗）〔EH-KL〕
あ 永	Ultra（极粗）〔U-KL〕

每个字体系列都有好多不同的成员呢！

选择好丰富呀！

Ryumin 体的范例。"KL"之前的字母代表不同的粗细。

西文字体的粗细和系列

　　西文字母除了粗细有别，字宽（set）也各有不同，字体名称由窄到宽会依序加上"Condensed"（压缩体）、"Lean"（瘦体）、"Standard"（标准体）、"Fat"（胖体）、"Expanded"（扩张体）等字样。如下图所示，在西文字体里，相同字体的所有粗细和字宽，可归纳为同一个字体系列。

我们都是一家人

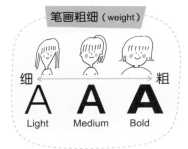

笔画粗细（weight）
细 ← → 粗
A A A
Light　Medium　Bold

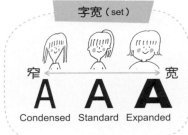

字宽（set）
窄 ← → 宽
A A A
Condensed　Standard　Expanded

斜体（Italic）
垂直 ← → 倾斜
A A
Roman　Italic

斜体包含斜体（Italic）和伪斜体（Oblique），正体则称为罗马体（Roman）。

从 Futura 字体纵观字体家族

字宽 / 粗细	压缩体〔Condensed〕	压缩伪斜体〔Condensed Oblique〕	标准体〔Standard〕	伪斜体〔Oblique〕
细〔Light〕	ABC 细压缩体	ABC 细压缩伪斜体	ABC 细	ABC 细伪斜体
一般〔Book〕			ABC 一般	ABC 一般伪斜体
中〔Medium〕	ABC 中压缩体	ABC 中压缩伪斜体	ABC 中	ABC 中伪斜体
粗〔Heavy〕			ABC 粗	ABC 粗伪斜体
特粗〔Bold〕	ABC 特粗压缩体	ABC 特粗压缩伪斜体	ABC 特粗	ABC 特粗伪斜体
超特粗〔Extra Bold〕	ABC 超特粗压缩体	ABC 超特粗压缩伪斜体	ABC 超特粗	ABC 超特粗伪斜体

字宽和笔画粗细的种类与名称都会因字体而异哟。

西文字体中的 Futura 系列，其压缩体和标准体等字宽皆各自有伪斜体的版本。

级数？点？
了解文字大小及换算方法

设计的世界里，用来指定文字和线条尺寸的单位有"级"与"点"，请了解其大小及换算方法。

级数与点

DTP 在表示文字大小的时候，使用的是"级"（Q）与"点"（pt、point）等特殊单位。设计师会视项目情况来决定采用何者，而 InDesign 等排版软件对两者皆支持。

一方面，自照相排版（phototypesetting）时代开始就用"级"为单位。基准为"1 级 = 0.25mm"，指定时可能会以"内文采用 12Q"的形式来说明。2Q 等于 0.5mm、4Q

等于 1mm，级数换算成公制单位的方法非常简单，所以即使到了 DTP 时代，也还是有人在用。另一方面，"点"是以英寸为基准的单位，"1 点 = 1/72 英寸"，指定时会说明"内文采用 10.5pt"。由于"级"和"点"无法用整数换算，所以在制作文件时需特别注意。

以级数为单位的文字尺寸表

8Q 9Q 10Q 12Q 13Q 16Q 18Q
小红帽 小红帽 小红帽 小红帽 小红帽 小红帽 小红帽

小红帽 小红帽 小红帽 小红帽 小红帽

38Q 32Q 26Q 24Q 21Q

以点为单位的文字尺寸表

6pt 7pt 8pt 9pt 10pt 12pt 14pt
小红帽 小红帽 小红帽 小红帽 小红帽 小红帽 小红帽

小红帽 小红帽 小红帽 小红帽 小红帽

27pt 23pt 19pt 17pt 15pt

齿数

级数和点是表示文字大小的单位，而齿数则是用以指定字距宽度的单位。1 齿为 0.25mm，写成 1H[注]，是在照相排版作业进行照相排字时使用的单位。

点（pt）

因各国的英寸长度各有不同，所以"点"共分为以下 3 种：美国系统为 1pt = 0.3514mm、Didot 点系统为 1pt = 0.375mm 和 DTP 点系统为 1pt = 0.3528mm。

[注]：日文"齿"的发音是"HA"。

级数与点换算表

DTP pt	A pt	级数	DTP pt 换算	级数换算	A pt 换算	mm 换算
		8	5.67		5.69	2.00
	6		5.98	8.43		2.11
6				8.47	6.02	2.12
		9	6.38		6.40	2.25
	7		6.97	9.84		2.46
7				9.88	7.03	2.47
		10	7.09		7.11	2.50
		11	7.79		7.83	2.75
	8		7.97	11.24		2.81
8				11.29	8.03	2.82
		12	8.50		8.54	3.00
	9		8.96	12.65		3.16
9				12.70	9.04	3.18
		13	9.21		9.25	3.25
		14	9.92		9.96	3.50
	10		9.96	14.06		3.51
10				14.11	10.04	3.53
		15	10.63		10.67	3.75
	11		10.96	15.46		3.87
11				15.52	11.04	3.88
		16	11.34		11.38	4.00
	12		11.95	16.87		4.22
12				16.93	12.05	4.23
		18	12.76		12.81	4.50
	14		13.94	19.68		4.92
14				19.76	14.06	4.94
		20	14.17		14.23	5.00
	16		15.94	22.49		5.62
16				22.58	16.06	5.64
		24	17.01		17.07	6.00
	18		17.93	25.30		6.33
18				25.40	18.07	6.35
		28	19.84		19.92	7.00
	20		19.93	28.11		7.03
20				28.22	20.08	7.06
	22		21.91	30.92		7.73
22				31.05	22.09	7.76
		32	22.68		22.77	8.00
	24		23.90	33.73		8.43
24				33.87	24.10	8.47
	26		25.90	36.55		9.14
		38	26.93		27.03	9.50
	28		27.89	39.36		9.84
28				39.51	28.11	9.88
		44	31.18		31.30	11.00
	32		31.87	44.98		11.24
32				45.16	32.13	11.29
		50	35.43		35.57	12.50
	36		35.86	50.60		12.65
36				50.80	36.14	12.70
		56	39.68		39.84	14.00
	40		39.84	56.22		14.06
40				56.45	40.16	14.11
		62	43.93		44.11	15.50

* A pt 指的是美国系统。

级数 ←→ 点数换算方法（按 DTP 点系统）

 红 — 36Q = 9mm = 约 25.51pt
（36×0.25）　（9÷0.3528）

 帽 — 25pt = 8.82mm = 约 35Q
（25×0.3528）　（8.82÷0.25）

1Q = 0.25mm
1点（DTP点）= 0.3528mm

⑤ 设计的重要组成元素：易于阅读的精美文字编排

充分了解字体的基本知识后，终于要进入"文字排版"阶段了。文字排版在设计中十分重要。让我们一同以易于阅读的精美文字排版为目标吧！

竖式排版与横式排版

使文字纵向排列的排版方式称为竖式排版，横向排列则称为横式排版。有别于仅有横式排版的西文，中文两者皆可，在日文背景下，刊载长文的书籍几乎都采用竖式排版。若是经常出现英文单词和数学算式的专业书籍等，则采用横式排版反而比较容易阅读。文字排版的方向也和书籍、杂志的翻页方向息息相关。竖式排版的文章是由右页往左页排列，书本装订是"向右翻页、右侧装订"；横式排版的内文为由左页往右页排列，书本装订则是"向左翻页、左侧装订"。此外，杂志等印刷品虽有基本的排版方向，但是有时也会出现竖排和横排同时存在的情况。

▸ 竖排

在流经法国和比利时边境的马士河畔，有个叫安特卫普的农村，龙龙是出生于当地的少年，阿忠则是产自法兰德斯的大型犬。他们……

日语书籍和杂志的内文多采用竖排。当内文包含数字时，原则上会改成中文的数字写法。

▸ 横排

在流经法国和比利时边境的马士河畔，有个叫安特卫普的农村，龙龙是出生于当地的少年，阿忠则是产自法兰德斯的大型犬。他们……

借助电脑或手机阅读的文章通常是横排，所以近年不少年轻人认为横排更易于阅读。横排的特征是数字和英文字母可以直接使用，容易阅读。

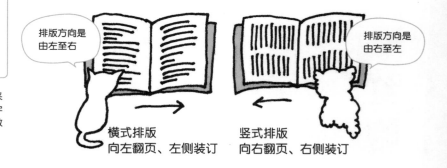

排版方向是由左至右

排版方向是由右至左

横式排版
向左翻页、左侧装订

竖式排版
向右翻页、右侧装订

文字排版的基本设计

编排文章时，需要在兼顾内容、目标读者和媒体格式的同时，对字体、文字大小、行长、行间、字间等进行精密计算，以打造出易于阅读的文字排版。让我们先来了解新手容易混淆的字间与字距，以及行间与行距。文字的级数、字距、行距等设定和文章可读性息息相关，因此有必要充分了解。

字间和字距

〔字距〕
亦称作"字符间距"，为文字中心至下个文字中心的距离，单位以"齿"（Ｈ）表示，1 齿 = 0.25mm = 1Q。

パトラッシュ

*译注：法兰德斯犬阿忠

〔字间〕
指文字和文字之间（字身和字身之间）的间隔。完全未对字间大小进行调整的文字排版方式称为"密排"（solid setting）。

行间和行距

〔行间〕
指行与行之间（字身和字身之间）的间隔。有部分文书处理软件中的"行间"实为行距，需多加留意。

パトラッシュ、行こ
うよ。ね、行こう。

*译注：阿忠，走吧。来嘛，跟我一起走吧。

〔行距〕
指采用横式排版时，各行顶部至下一行顶部的距离。单位以"齿"（Ｈ）或"％"表示。

竖排行间和行距

最容易阅读！

〔行间 100%〕
脖子亲了一下。
他一边这么说，一边环抱着阿忠的
「阿忠，你不需要再担惊受怕啰。」

〔行间 75%〕
脖子亲了一下。
他一边这么说，一边环抱着阿忠的
「阿忠，你不需要再担惊受怕啰。」

〔行间 50%〕
脖子亲了一下。
他一边这么说，一边环抱着阿忠的
「阿忠，你不需要再担惊受怕啰。」

〔行间 25%〕
脖子亲了一下。
他一边这么说，一边环抱着阿忠的
「阿忠，你不需要再担惊受怕啰。」

内文 11Q、行间 11H、行距 22H。"行间 100%"代表行间等于文字大小。

内文 11Q、行间 8.25H、行距 19.25H。"行间 75%"代表行间等于文字大小的 ¾。

内文 11Q、行间 5.5H、行距 16.5H。"行间 50%"代表行间等于文字大小的 ½。

内文 11Q、行间 2.25H、行距 13.25H。"行间 25%"代表行间等于文字大小的 ¼。

嘿~

喵~ 汪~

文章的行距为文字大小的 150% 时，
亦即行间为 50% 时，阅读起来最轻松。

文字间距调整的类型

　　"文字间距调整"是文字排版的要点之一。如前文所述，每个文字的字面不尽相同，倘若只是单纯地将整篇文章依序编排，就会导致字间大小不一的情况，假如采用密排法，在括号、标点符号前后，日文的拗音与促音前后，以及笔画较少的平假名和片假名前后，尤其会出现文字间距过大的问题，使得整体看起来松散凌乱。文字间距调整就是为了避免此问题，除了能增进文章的易读性，也能使文字整体感觉精练利落。文字间距大致可分为两种，其一为字间固定的"等距紧排"，其二为配合前后文字调整字距的"比例紧排"（变动紧排），它们也分别称作"字距调整"（tracking，将整篇文章的字距调整至相等）及"字距微调"（kerning，个别调整字间）。前者大多是利用排版软件的自动调整字距的功能，而后者则是利用"手动字距"功能。

〔密排〕

未进行文字间距调整，字间为 0。这是日文排版的基本做法，内文通常会采用密排的方式来排版。在排版软件中进行字距设定时，预设值是密排。

> 字身彼此紧邻，中间既没有间隙也不重叠。

肩并肩

銀河ステーション

文字大小 = 字距

*译注：银河火车站

〔比例紧排（字距微调）〕

根据相邻文字选用适当的字间。对于文字偏大的标题，字间不一的状况总是特别醒目。因此，需借由缩减标点符号和拗促音前后的多余空隙来改善。此排版方式又称为字距微调。

> 字身会根据文字以不同的宽度互相重叠。

紧密相连

銀河ステーション

文字大小 > 字距

〔等距紧排（字距调整）〕

整篇文章的字间皆相等，且字距小于文字大小。由于字间紧缩，所以每行的长度比密排时短。以下范例是"紧缩 2 齿"（字距比文字级数小 2 齿）时的情况。此排版方式又称为字距调整。

> 整篇文章的字身皆以同样的宽度互相重叠。

贴紧紧

銀河ステーション

文字大小 > 字距

〔等距疏排〕

所有字间皆相等且偏大的排版，因为字间固定，可谓是等距紧排的好朋友。另外，由于字距大于文字大小，因此每行的长度比密排时长。偏大的字间显得游刃有余，给人以宽疏的印象。

> 整篇文章的字身皆以同样的宽度分开。

距离之美

銀河ステーション

文字大小 < 字距

> 假如不调整片假名、拗促音和标点符号的字距，字间就会显得太过醒目喔。请小心！

轻盈~

> 一起研究易于阅读的文字排版吧！

（日文的）拗促音

拗音指的是“キャ”（kya）、“シュ”（shu）、“チョ”（cho）等以两个假名表示一个音节的发音；促音则是“きって”（kitte）、“立つた”（tatta）等中间有短促停顿的发音。不论拗音或促音皆是使用小写假名。

标点符号

指的是文字和数字以外的符号，例如逗号“，”、句号“。”、惊叹号“！”、问号“？”、括号“（ ）”等，需套用标点符号避头尾规则。

行对齐的类型

行内的文字配置设定称为“行对齐”。横式排版通常是“左对齐”，竖式排版通常是“顶端对齐”，两者有时皆会被称作“对齐行首”。此外，另有“右对齐”“居中对齐”“双齐末行齐左”“全部强制双齐”等类型。

在处理排版时，有时文章中会包含英文或数字，也可能因为避头尾规则的影响（参见第 24 页）而发生行首对齐、行尾不对齐的情形。为了避免此等情形，标准做法是利用双齐末行齐左功能自动调整字间，使每一行的两端皆对齐。双齐末行齐左设定中，末行会靠左对齐，倘若末行两端同样对齐其他行的两端，就属于全部强制双齐。

〔左对齐〕

采用横式排版时的预设做法。

老师指向一面巨大双凸透镜，那个
透镜里头装着大量的发光沙粒。
《银河铁道之夜》

〔右对齐〕

老师指向一面巨大双凸透镜，那个
透镜里头装着大量的发光沙粒。
《银河铁道之夜》

〔居中对齐〕

老师指向一面巨大双凸透镜，那个
透镜里头装着大量的发光沙粒。
《银河铁道之夜》

〔双齐末行齐左〕

老师指向一面巨大双凸透镜，那个
透镜里头装着大量的发光沙粒。
《银河铁道之夜》——仅有末行靠左对齐

〔全部强制双齐〕

老师指向一面巨大双凸透镜，那个
透镜里头装着大量的发光沙粒。
《 银 河 铁 道 之 夜 》

〔双齐末行齐右〕

老师指向一面巨大双凸透镜，那个
透镜里头装着大量的发光沙粒。——齐行
《银河铁道之夜》——仅有末行靠右对齐

InDesign 的文字间距设定

在 InDesign 中，只要点选〔文字〕功能表的〔字符〕选项，即可进行文字设定。在字符面板内，可处理的设定包含字距微调、字距调整、比例间距、指定格点数等。

除此之外，InDesign 还能够借由〔框架网格〕（frame grid）进行字距调整，以及通过〔视觉〕（optical）、〔量度〕（metrics）和〔等比公制字〕（proportional metrics）等功能来设定变动字距。变动字距是由软件自动处理，所以，完成后务必确认结果是否完善。若有出现字间过小或过大等不适当的情形，请利用字距微调或字距调整功能进行手动调整。

〔字偶间距〕

字偶间距是将指针移至文字和文字之间，并以手动方式调整字距，有〔视觉〕、〔量度〕、〔量度 - 仅罗马字〕等选项可供设定。其中，〔视觉〕会视文字形状调整字间；〔量度〕指的是使用度量标准字距微调，〔量度 - 仅罗马字〕将仅对罗马字使用字偶间距字符对进行字偶间距调整。

〔字符间距〕

字距调整能够调整所选文字之间的距离，有别于字距微调个别调整文字的字间，此功能是一并调整选取的所有文字。此外，字距微调和字距调整虽然也会对排版造成影响，但是通常都是用于调整西文文字母间的间距。在调整中文文字间的距离时，使用的是〔比例间距〕及〔网格指定格数〕，若是 OpenType 字体，则会使用〔等比公制字〕。

〔比例间距〕

比例间距能够针对所选取的文字，设定字面与字面间隔距离的增减。由于此设定根据的并非字身而是文字形状，所以不同于字距调整。使用字距调整功能调整字距时，需要将文字框改成框架网格，并利用〔框架网格〕设定对话框的〔字符间距〕来设定。

〔网格指定格数〕

这个功能可以让文字平均分散在所指定的格点数内。例如，若选取 3 个字，并将指定格点数设定为"5"，即可令该 3 个字等距排列在 5 个字宽的格点内。

字符

Q〜 Adobe 宋体 Std

L

TT	10 Q	📐	10 H
IT	100%	T	100%
VA	0	VA	0
IT	0%		0
A⁴	0 H		
T	0°	T	0°
IT	自动	IT	自动

语言：中文：简体

InDesign 的字符面板

等比公制字

在使用 OpenType 字体时，就能够于字符面板的选项中，选择套用〔Open Type 功能〕的〔等比公制字〕。〔等比公制字〕功能是利用 OpenType 字体内所含的字距信息来自动调整字间，不过，它在部分字体上无法完美呈现，需多加留意。

密排　スノーホワイトは美しい

套用〔等比公制字〕后　スノーホワイトは美しい

*译注：白雪公主真是美若天仙

文字的变形

文字排版的基本观念，在金属活字印刷和照相排版时代就已经大致成形。文字排版的基本形是以正方形的活字（字身）为基础，称为正体。

在照相排版推出后，新增了纵向缩小的窄体、横向缩小的宽体，以及斜向变形的斜体等多种选择，DTP 时代也继续沿用窄体和宽体的说法。在照相排版时代，由于设备限制，文字变形率局限在 10％、20％、30％、40％；DTP 软件的精密度可达到小数点之后。然而，过度变形会导致阅读困难，因此原则上应控制在 0％～40％之间。

我是基本形！

〔正体〕

妖精

以正方形为基础的字身，其多数字体（尤其是用于内文的字体）皆略小于字身，在采用横式排版时需特别注意。

〔窄体〕

妖精

苗条

于左右施加变形处理，形成窄长状态。由于宽度变小，所以略有轻盈感，请留意画面是否因而显得零散。

〔宽体〕

妖精

有分量

于上下施加变形处理，形成宽矮状态。此变形有分量而显得稳重，报纸采用的字体即为其中的典型。

〔伪斜体 1〕

妖精

平行倾斜！

维持文字高度，作水平倾斜。于 InDesign 的字符面板内设定倾斜角度，即可达到此效果。

〔伪斜体 2〕

妖精

不只斜，还要歪！

样貌歪斜的倾斜变形。在 InDesign 中，透过字符面板的选项显示〔斜体〕对话框，即可从中设定倾斜角度和放大比例。

InDesign 的文字变形

在 InDesign 进行变形设定时，需先从〔文字〕功能表开启〔字符〕面板，并于〔垂直缩放〕、〔水平缩放〕和〔倾斜〕（伪斜体）等栏位输入所需数值。各数值的精密度以百分比控制。

字符	
Q～ Adobe 宋体 Std	
L	
窄体	宽体
80%	80%
量度 - 仅罗	0
0%	0
0 H	
0°	伪斜体 20°
自动	自动
语言：中文：简体	

字符避头尾规则

为了使版面美观且便于阅读，排版规定部分文字和符号不得置于行首与行尾。这个规定称为"避头尾规则"，需套用此规则的文字则称作"避头尾字符"。需套用避头尾规则的有：（1）句号、逗号、右括号、拗促音等"不能置于行首的字符"；（2）左括号、左引号等"不能置于行尾的字符"；（3）删节号、组合数字、连续数字、符号和单位等不得于行尾分离的"连续字符"。

避头尾范例

> 未套用避头尾规则

　　"芝麻，关门！"阿里巴巴大喊
，暗门随之关起，石头上的痕迹也消失
无踪。
　　阿里巴巴回到家，他老婆一看到
装满金币的袋子，就露出极其悲伤且惊
恐的表情，忍不住对着阿里巴巴哭了
出来。
　　"你……这些该不会是……"说
到这里，她悲从中来，再也无法继续说
下去。

> 套用避头尾规则

　　"芝麻，关门！"阿里巴巴大喊，
暗门随之关起，石头上的痕迹也消失
无踪。
　　阿里巴巴回到家，他老婆一看到
装满金币的袋子，就露出极其悲伤且惊
恐的表情，忍不住对着阿里巴巴哭了
出来。
　　"你……这些该不会是……"说
到这里，她悲从中来，再也无法继续说
下去。

InDesign 等排版软件虽然可以通过设定来自动套用避头尾规则，但是有时候会发生错误，或是出现无法借由设定妥善处理的情况。因此，请牢记避头尾规则，如此才能够在面对上述情形时，马上发现异状。

避头尾规则的类型和需套用的对象

不能置于行首的字符

、	。	，	．	•	）	〕	］	｝	〉	》	」
』	】	'	"	？	！	：	；	々	ゝ	ゞ	ヽ
ヾ	〃	あ	い	う	え	お	や	ゆ	よ	わ	ア
イ	ウ	エ	オ	ヤ	ユ	ヨ	ワ	カ	ケ		

■ 表示有时可以排除在避头尾规则之外

不能置于行尾的字符

（	〔	［	｛	〈	《	「	『	【	'	"	

连续字符（不得分成两行的字符）

省略号	专名号	破折号	组合数字	连续数字	单位	成组的假名标注
……	＿＿	——	(045)	2,350	100kW	アメリカ 美国

避头尾外悬与推入、推出

利用避头尾规则处理不能置于行首的字符时，自活字排版时代开始，句号、逗号就有特别的设定方法，分别是"外悬""推入"和"推出"。

"外悬"是当句号、逗号出现在行首时，允许其超出版心的设定。在此情况下，该行的字数就会较其他行多 1 个字。同样，当句号、逗号出现在行首，若将前一行压缩至多出 1 个字，以让句号或逗号移到前行，就称为"推入"；而借由增加前一行字距来把该行最后 1 个字挤到下一行，好让句号或逗号不会出现在行首的做法，则称作"推出"。在 InDesign 中，从〔段落〕面板选项的〔避头尾设置〕菜单内，即可选择应套用"推入"设定或"推出"设定。

套用外悬设定

悬空～

未套用外悬设定
套用推出设定

好远喃……

左侧为套用外悬设定的样貌，右侧则未套用。两者每行的字数各差一个字，采用外悬设定的行尾看起来比较整齐。

推入

"芝麻，开门！"他使尽全力大声喊了出来。这么做，会发生什么事呢？

↓

"芝麻，开门！"他使尽全力大声喊了出来。这么做，会发生什么事呢？

"。"（句号）出现在行首了。若套用〔推入〕的〔避头尾断行模式〕，就会自动调整前一行的标点符号间距，使句号移到前一行。

推出

哥哥的名字叫作卡西姆，弟弟则叫作阿里·巴巴。

↓

哥哥的名字叫作卡西姆，弟弟则叫作阿里·巴巴。

"·"（间隔号）出现在行首了。对于不能置于行首的字符，避头尾规则会将前一行整体的间距调宽，让"里"移到下一行。

InDesign 的避头尾规则

可通过〔文字〕功能表的〔段落〕来显示段落面板，进行避头尾设定，选项有〔无避头尾〕、〔简体中文避头尾〕、〔韩文避头尾〕、〔日文严格避头尾〕等。若是点选〔设置〕，即可显示〔避头尾规则集〕对话框以进行详细设定，例如添加套用避头尾规则的字符等。

日文方面，"宽松避头尾"所包含的字符类型少于"严格避头尾"，喵。

日文注音的基本知识

日文注音是标示在发音较难的汉字旁的平假名或片假名。以孩童为对象的书籍和杂志等刊物，有时甚至会将全数汉字标上假名，而附有注音的字符称作"基础字符"。假名注音是日文特有的文字排版方式，拥有独特的规则，需首先牢记以下四大基本规则。此外，也希望读者能记住注音标示的类型，以及当单一基础字符注音有 3 个字符以上时，需按位置调整规则。

日文注音四大基本规则

〔规则 1〕
用于日文注音的文字大小为内文的一半，通常不会使用拗促音，例如，"かっぱ"会标成"かつぱ"，"きゅうり"会标成"きゆうり"。

〔规则 2〕
日文注音究竟该使用平假名还是片假名，需视内文的主体而定。若主体为平假名，就使用平假名；若主体为片假名，就选用片假名。另外，外来语皆以片假名标注。

〔规则 3〕
注音使用的字体系列原则上应与内文相同，令其一致。

〔规则 4〕
在为两个字以上的惯用语标注音时，应当标示整个惯用语，而非仅标示难念的字。

日文注音长度的调整

在竖式排版中，假如日文注音的长度超出基础字符，注音就会延伸到其他字符。当单一基础字符的注音超过两个字符时，若前后有"假名"或"标点符号"，那么注音超出该基础字符的上缘或下缘也没有关系。

在这种情况下，采用居中对齐（请参见下页）时应使上下平均排列；靠上对齐（请参见下页）时则应以超出到下方文字为优先。然而，基础字符的位置有时候也会如下述内容般，根据前后字符的形式来调整。

海を渡る隼の群
はやぶさ
*译注：渡海的鹰群

〔位于行中〕
即使采用居中对齐，注音仍然会超出至下个字；若为靠左对齐则一定是超出至下个字。当接下来的字符为"假名"或"标点符号"时，可以容许单一注音字符向下超出；假如超出两个注音字符以上，就需要调整基础字符和下个字之间的字间。

梟の棲む森
ふくろう
*译注：猫头鹰栖息的森林

〔位于行中〕
前后字符为"假名"或"标点符号"时，注音可以各超出前后一个注音字符。

幸せを呼ぶ鸛
こうのとり
*译注：呼叫幸福的鹳鸟

〔基础字符的前后皆为汉字〕
基础字符的前后皆为汉字时，注音不得超出基础字符，因此必须调整与前后文字的字间。

鶯鳴く春
うぐいす
*译注：莺鸟鸣叫的春天

〔位于行尾〕
不论是居中对齐或靠右对齐，注音的最后一个字符皆需对齐行尾。假如上一个字符为"假名"或"标点符号"，可以容许单一注音字符向上超出。但若超出两个注音字符以上，就需要调整基础字符和上个字之间的字间。

不同的注音类型

（单一字符注音）

河童 かっぱ　胡瓜 きゅうり

在为两个字符以上的惯用语标注音时，每个字符个别标示的注音称为"单一字符注音"。假如遇到注音无法拆解的惯用语，就没办法使用此方式，因而需要改用"群组注音"。

（群组注音）

1 沙翁 シエークスピア 1　2　1　洋琴 ピアノ　研究所 ラボ

在为两个字符以上的惯用语标注音时，平均分配至整个惯用语的注音称为"群组注音"。基础字符和注音的字数差异，可能导致其中一方需要增加字间距离。此时，请如上述范例般，以 1：2：1 的方式来分配。

（靠上对齐）

栗鼠 りす　葡萄 ぶどう

注音对齐基础字符顶端或前方的方式。

（居中对齐）

栗鼠 りす　葡萄 ぶどう

注音对齐基础字符中央的标注方式。在横式排版中，通常采用居中对齐。

在横式排版中，通常都是采用居中对齐哟。

InDesign 的日文注音设定

在利用 InDesign 标注音时，首先需以文字工具选取要标注音的基础字符，然后再自字符面板的菜单中点选〔拼音〕，借此调出〔拼音〕对话框，如此就能在其中进行详细的注音设定。

〔拼音位置和间距〕用于设定注音类型和标注方式，〔拼音字体和大小〕用于指定注音字体和大小，〔当拼音较正文长时调整〕用于设定拼音长度超过基础字符时的处理方法，〔拼音颜色〕用于指定注音的色彩。

⑥ 字体和文字排版
会影响内文观感及易读性

除了序、目录、附录、注释等部分，作为书籍和杂志主体的文章部分称为内文。本单元将介绍关于内文字体和文字大小的思考与选择方式。

内文字体和文字大小的决定方法

内文字体原则上会使用笔画较细的明体或黑体，因为这两种字体即使文字量大也不会对眼睛造成负担，能够长时间阅读。

明体的直画比横画粗，所以日文汉字和假名无论在大小或长宽比例上都有所差异。它会在字串中形成强弱节奏及动线，较适合日文原有的竖式排版。

另一方面，黑体的直画与横画粗细几乎相同，所以竖式排版、横式排版皆适用，但也因此比较欠缺节奏感，适合扮演类似设计元素的角色。所以比起文字量大的书籍，它更常被用在以图片为主体且读者群年轻的杂志的内文及标题。由于黑体感觉简洁明快，也很适合用于工具书和商业书籍。

竖式排版的明体、黑体对比

明体

〈 Ryumin R 10Q 密排 〉

ヘンゼルは、でもグレーテルをなだめて、「なあに、しばらくお待ち。お月さまが出てくるからね。そうすればすぐと路がみつかるよ」と、いいました。

明体系列的内文标准字体，各元素强弱分明，力与美兼具。

〈 秀英体 10Q 密排 〉

ヘンゼルは、でもグレーテルをなだめて、「なあに、しばらくお待ち。お月さまが出てくるからね。そうすればすぐと路がみつかるよ」と、いいました。

以活字为基础的字体，假名偏小，能够为字串增添节奏感。

黑体

〈 Gothic Medium 10Q 密排 〉

ヘンゼルは、でもグレーテルをなだめて、「なあに、しばらくお待ち。お月さまが出てくるからね。そうすればすぐと路がみつかるよ」と、いいました。

黑体系列的内文标准字体，尽管拥有不错的整体感，但是在密排时会显得零散。

〈 Shin Go R 10Q 密排 〉

ヘンゼルは、でもグレーテルをなだめて、「なあに、しばらくお待ち。お月さまが出てくるからね。そうすればすぐと路がみつかるよ」と、いいました。

此字体的字面几乎填满字身，所以不仅拥有整体感，可读性也十分出色。

＊译注：汉赛尔声哄着葛丽特：「怎么这么说呢，我们再等一下喔。月亮快要出来了，等到月亮出来，我们马上就能找到回家的路哟。」

◤ 横式排版的明体、黑体、比例间距差异对比

明体

〔Ryumin R 10Q 密排〕
ヘンゼルは、でもグレーテルをなだめて、「なあに、しばらくお待ち。お月さまが出てくるからね。そうすればすぐと路がみつかるよ。」と、いいました。

改为横式排版后，版面显得零散，必须调整行间距离或比例间距。

〔Ryumin R 10Q 套用比例间距〕
ヘンゼルは、でもグレーテルをなだめて、「なあに、しばらくお待ち。お月さまが出てくるからね。そうすればすぐと路がみつかるよ。」と、いいました。

经过比例间距调整的范例。汉字与假名的宽度不一，因而感觉有点过于拥挤。

黑体

〔Gothic Medium 10Q 密排〕
ヘンゼルは、でもグレーテルをなだめて、「なあに、しばらくお待ち。お月さまが出てくるからね。そうすればすぐと路がみつかるよ。」と、いいました。

虽然 Gothic 体适合横式排列，但是在密排的情况下，却有缺乏整体性的感觉。

〔Gothic Medium 10Q 套用比例间距〕
ヘンゼルは、でもグレーテルをなだめて、「なあに、しばらくお待ち。お月さまが出てくるからね。そうすればすぐと路がみつかるよ。」と、いいました。

调整比例间距后，不仅版面清爽，也呈现出整体感，而且可读性佳、强弱分明。

原来如此！

〔Shin Go R 10Q 密排〕
ヘンゼルは、でもグレーテルをなだめて、「なあに、しばらくお待ち。お月さまが出てくるからね。そうすればすぐと路がみつかるよ。」と、いいました。

即使改为横式排版，维持密排格式就已足够。版面散发出柔和且明亮的气氛。

◤ 文字大小给人的印象也不同

内文的文字大小基本介于 11Q 到 14Q（7.5 点 ~ 10 点）之间，太小会影响可读性，太大则会显得笨重，读起来很累。一般而言，面向年轻人的文字较小、信息量偏多，面向中老年人的文字较大、信息量较适中。通常，若是以小学生为对象的读物，文字大小约在 13Q 到 16Q 之间，面向幼儿的则应在 18Q 以上。

11Q
葛丽特，乖乖等着喔，要等到月亮出来才可以。

13Q
葛丽特，乖乖等着喔，要等到月亮出来才可以。

16Q
葛丽特，乖乖等着喔，要等到月亮出来才可以。

18Q
葛丽特，乖乖等着喔，要等到月亮出来才可以。

文字大小所适用的对象读者、页面内容等，大多有一定的规则。因此，在决定文字大小时，请用心斟酌。

通过实例了解——不良文字排版与优良文字排版

不良文字排版范例

嗯~ 嗯~ 嗯~ 真气馁……

字间过大

字间过大时，不仅文字间的间隙会导致阅读时分心，从设计的角度看，字形整体也显得散漫。假如是想加宽字间，请将字体放大，同时增加行间距。

在 距 离 中 山 有 点 远 的 山 上，有 只 叫 作 "阿 权" 的 小 狐 狸。阿 权 没 有 亲 人，只 身 在 长 满 蕨 类 的 森 林 中，挖 了 个 洞 穴 当 家。

字间过小

字间过小时，从设计的角度来看，或许可以说是加强整体感，但是文字挤在一起时，文字量一大就会变得难以阅读。排版软件的字距设定有时会造成此情形。

在距离中山有点远的山上，有只叫作"阿权"的小狐狸。阿权没有亲人，只身在长满蕨类的森林中，挖了个洞穴当家。

行间过大

行间过大时，同一段落无法产生整体感，文章也会变得不易阅读。同样地，从设计的角度来看，由于整体欠缺紧凑感，所以会给人零散的印象。

在距离中山有点远的山上，有只叫作"阿权"的小狐狸。阿权没有亲人，只身在长满蕨类的森林中，挖了个洞穴当家。

行间过小

行间过小时，从设计的角度看，或许可以说是加强整体感，但是阅读起来极其困难。在行间狭小的情况下，记得稍微缩小字间，借此突显行间的空白。

在距离中山有点远的山上，有只叫作"阿权"的小狐狸。阿权没有亲人，只身在长满蕨类的森林中，挖了个洞穴当家。

栏宽过长

栏宽过长会造成视觉动线混乱，阅读起来很是辛苦。此时，请通过分栏设定将栏宽调整至易于阅读的长度。

　　在距离中山有点远的山上，有只叫作"阿权"的小狐狸。阿权没有亲人，只身在长满蕨类的森林中，挖了个洞穴当家。

很好 很好 很好 真棒!

字间调整后

最适当的字间选定方法会因为字体、文字大小、行间、行长、段落间距、排版方向、背景，以及周围留白等因素而不同，所以每次都需要进行精密的调整。原则上，竖式排版应采用等距紧排，横式排版则采用比例紧排。

在距离中山有点远的山上，有只叫作"阿权"的小狐狸。阿权没有亲人，只身在长满蕨类的森林中，挖了个洞穴当家。

（方正宋三 _GBK Regular、11.5Q、字距 −1H、通过框架网格设定为等距紧排、行间 7.5H）

在距离中山有点远的山上，有只叫作"阿权"的小狐狸。阿权没有亲人，只身在长满蕨类的森林中，挖了个洞穴当家。

（方正宋三 _GBK Regular、11.5Q、通过等比公制字设定为比例间距、行间 7.5H）

行间调整后

相同于字间，最适当的行间选定方法也会因为字体、文字大小、行长、排版方向、背景，以及周围留白等因素而不同，所以每次都需要进行精密的调整。原则上，距离应介于文字大小的 ½（半形）到文字大小（全形）之间。若是图片或相片的说明文字，则可设定为文字大小的 ¼（25%）到 ½ 之间。

在距离中山有点远的山上，有只叫作"阿权"的小狐狸。阿权没有亲人，只身在长满蕨类的森林中，挖了个洞穴当家。

［方正宋三 _GBK Regular、行间 5.75H（半形）］

在距离中山有点远的山上，有只叫作"阿权"的小狐狸。阿权没有亲人，只身在长满蕨类的森林中，挖了个洞穴当家。

［方正宋三 _GBK Regular、通过等比公制字设定为比例间距、行间 8.625H（75%）］

通过分栏设定调整栏宽后

分成两栏，借此缩短栏宽。反之，栏宽过短同样不易阅读。

在距离中山有点远的山上，有只叫作"阿权"的小狐狸。阿权没有亲人，只身在长满蕨类的森林中，挖了个洞穴当家。

⑦ 追求更加完美的文字排版：理解中、西字体并用的方法

在同一篇文章中，中文和西文字母使用不同字体的情形称为"中西文混排"。以下将说明"中西文混排"的优点，以及排版软件的〔复合字体〕（composite font）功能。

中西文混排及复合字体

现在的文章常常出现中文和西文字母混合的情况，考虑到视觉变化与设计感、可读性等因素，有时候会以西文字体套用至西文字母，而非全部使用中文字体，这种排版方式就称为"中西文混排"。不过，倘若是文字量庞大的文章，中西文采用不同字体的作业将非常耗时费力。因此，InDesign 和 Illustrator 等软件皆提供〔复合字体〕功能，大大简化了"中西文混排"的设定。不仅是西文字母（罗马字）和中文，就连包括标点符号在内的各种符号，以及日文假名和汉字等的字体组合，都能够通过此功能来变更。

中英字体的组合范例

〔仅使用日文字体 A-OTF Ryumin Pro〕

Aliceは10歳

*译注：爱丽丝十岁了

这是仅套用日文字体 A-OTF Ryumin Pro 的中英文和数字混合型句子。相较于假名和汉字，英文和数字尺寸略小，导致存在感弱，假如用在标题，会有不够明显的问题。

〔变更至英文字体 Times Regular〕

Alice は 10 歳

〔英文字母尺寸较小〕　〔偏离基线〕

这是将英文和数字变更至西文字体 Times Regular 的情形。尽管字体与 Ryumin 十分相配，但是英文字体的数字偏小和未对齐基线等问题还是无法令人满意。

〔调整英文字体的大小和基线〕

Alice は 10 歳

〔英文字体放大至 115%〕　〔基线下移 1%〕

由于英文字体看起来较小，所以稍微放大。

由于原本的基线未对齐，所以针对英文字体的基线进行调整。

这是把英文字体大小放大至 115% 且基线下移 1% 的结果，英文字体的数字同样存在感十足，出色的文字排版就此完成！

在组合不同字体时，通常会挑选设计和笔画粗细相近的字体喔！

复合字体

InDesign 和 Illustrator 中，在需要混排的时候，皆是使用〔复合字体〕功能。点按〔文字〕功能表的〔复合字体〕，即可开启〔复合字体编辑器〕对话框并进行设定。

字体大小是以%或级数指定（根据环境设定，也可能是点）。

点按〔新建…〕后，就能够显示新增复合字体对话框，用以选择作为依据的复合字体集，以及为即将新增的复合字体命名。

从一览表中点选想要设定的文字类型，并自该项目的字体下拉式菜单和大小栏位设定所需数值。

字体和大小在这里调整！

只要善用复合字体，就能迅速套用至各式各样的文字排版呢！

作业效率飙升！

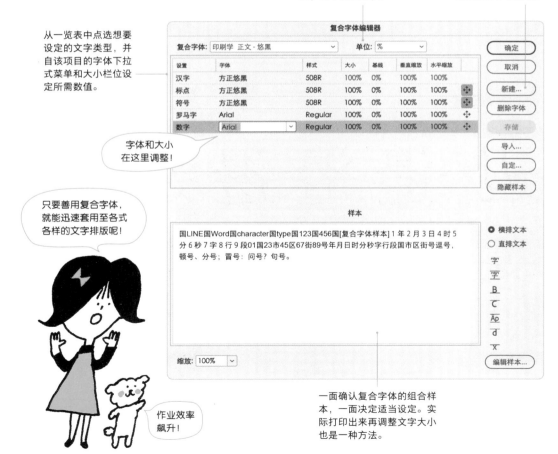

一面确认复合字体的组合样本，一面决定适当设定。实际打印出来再调整文字大小也是一种方法。

⑧ 渡辺、渡边及渡邊……
认识异体字

"请将渡边先生的'辺'改成'边'。"在处理文字的过程中，有时或许会收到这样的指示。明明念法和意思都相同，却和平时常用的字不太一样，这就是"异体字"。

何谓异体字？

"字形"是呈现直画和横画组合的抽象概念，而实际用笔等工具写下的字，则称为"字符"。字形是文字的骨架，作为标准使用的字符称为"正体字"，与其相异的则称为"异体字"。以日文为例，对于广泛使用的"斉"来说，"齊""齊"就属于异体字。在异体字中，还包含旧字体、简字、俗字等

不同分类，所以，拥有多个异体字的文字不在少数。另外，在 DTP 中，所使用的字体依据的 JIS（Japaese Industrial Standard，日本工业标准）字符集（character set）不同，被视为正体字的文字也会不同，即使是同一个字体，也可能因为版本差异而出现正体字相异的情形。

异体字范例

[注]：范例中的文字均为日文汉字。

异体字范例

选取想显示异体字的文字

点选"所选字体的替代字"!

在InDesign和Illustrator（CS以后的版本）等软件中，通过〔字形〕面板，可将选取文字切换至异体字。选取输入的文字后，开启〔字形〕面板，并点选〔所选字体的替代字〕以显示该字的异体字。接着，在想要的字上双击鼠标左键，就能够将该字替换成异体字。

"齐"变成"齊"了。

双击鼠标左键。

选择想要的异体字。

雀跃

完成！

OpenType 字体是现在渐成主流的标准电脑字体。在每个字对应的字符数量方面，OpenType 字体和旧标准 CID 字体有差异。CID 字体收录的字符数约 800 字，而 OpenType Pro 字体目前已经达到 15,000 ~ 20,000 字之多。

什么是通用设计字体（universal design font）？

"通用设计"（universal design，简称"UD"）是力求让大家都能使用的设计理念，而通用设计字体则是基于此概念所创造出的字体，它的形状在设计上不仅辨识度高，阅读起来也不易感到疲累。例如，确保浊点、半浊点 [注] 和文字主体的空隙，以提升易读性，加大字怀部分以提高可辨识度，还有为点对称的文字和容易混淆的文字打造独立轮廓等。

A-OTF Shin GO Pro ▶ A-OTF UD Shin Go Pro

A-OTF Shin GO Pro ▶ A-OTF UD Shin Go Pro

浊点部分有足够的间隙以提升易读性。

加大字怀开口大小，提高可辨识度。

连我们都能轻松阅读呢！

老年人没问题

外国人也 OK

[注]：浊点为"ゴ、ぶ"等日文浊音右上角的符号，半浊点则为"パ、ぷ"等日文半浊音右上角的符号。

⑨ "细线""粗线"？
线条的样式名称

设计上经常会运用到线条，本单元将介绍它们的类型、名称、粗细、圆角样式，以及在软件中的设定方法。

线条的类型与名称

在设计上，线条经常用于划分内容、区分群组，以及框出想强调的部分。自活字排版时代沿用至今的线条类型如下图所示，而线条粗细方面，虽然也有"细线""粗线"的说法，但是现今大多是以"mm"和"点"来表示。

线条的类型

———————— 细线	·············· 细点虚线
———————— 中细线、中粗线	– – – – – 虚线
———————— 粗线	∿∿∿∿∿ 波浪线
———————— 双线	‖‖‖‖‖‖ 直立线
———————— 粗细双线	▬▬▬▬▬ 特粗线
• • • • • • • 点虚线	

细线一般是指印刷所能呈现的最细线，中细线、中粗线为粗细介于细线和粗线之间的线条。圆点比点虚线更小的线条称为细点虚线。特粗线通常与内文文字大小等宽（等高）。

线条粗细对比

————	0.05mm
————	细线（0.1mm）
————	中细线＝中粗线（0.2mm）
————	粗线（0.35mm）
————	0.5mm
▬▬▬	1mm
▬▬▬	2mm

种类多元的圆角样式

若将框线等四方形的角改为圆弧，即可营造出柔和鲜明的形象。呈圆弧的角称为"圆角"。此外，装订时，将书口侧的角裁切成圆弧状也称作圆角。圆角的圆弧大小是以连接的圆形半径来指定，半径越长，圆弧就越大。

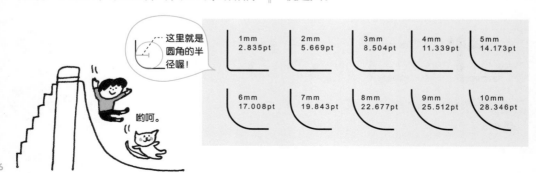

这里就是圆角的半径喔！

哟呵。

1mm 2.835pt	2mm 5.669pt	3mm 8.504pt	4mm 11.339pt	5mm 14.173pt
6mm 17.008pt	7mm 19.843pt	8mm 22.677pt	9mm 25.512pt	10mm 28.346pt

画线

InDesign 和 Illustrator 都是利用工具箱的〔钢笔工具〕和〔直线工具〕来画线，如需要绘制四方形的框线，则是使用〔矩形工具〕。需进行线条设定时，在 InDesign 和 Illustrator 点选〔窗口〕功能表的〔描边〕，以开启〔描边〕面板。

InDesign 的线条

线宽、端点形状、尖角形状可于此处进行设定。

线条位置，亦即设定锚点（用于操作线条的点）相对于线宽的位置。

线条类型、特殊起终点样式可于此处挑选。可供设定的线条类型及起终点样式如右表所示。

〔间隙颜色〕可设定线段、点、多重线条之间的颜色。在有设定〔间隙颜色〕的情况下，则可通过〔间隙色调〕设定颜色的深浅。

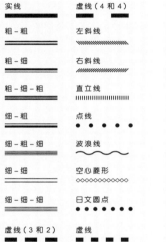

线条类型

实线	虚线（4 和 4）
粗－粗	左斜线
粗－细	右斜线
粗－细－粗	直立线
细－粗	点线
细－粗－细	波浪线
细－细	空心菱形
细－细－细	日文圆点
虚线（3 和 2）	虚线

起、终点样式

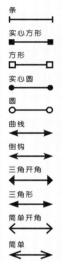

条
实心方形
方形
实心圆
圆
曲线
倒钩
三角开角
三角形
简单开角
简单

Illustrator 的线条

相同于 InDesign，这里可以设定线的宽度、端点形状、尖角形状及线条位置（对齐笔画）。

箭头可于此处设定。设定箭头起点和终点的形状时，有〔无〕以及右表内的 39 种样式可供选用。箭头大小可以通过〔缩放〕来调整。〔对齐〕选项设定的是箭头尖端的位置。

这里可供设定虚线，用以设定线段中的实线段长度与间隙大小。

箭头样式

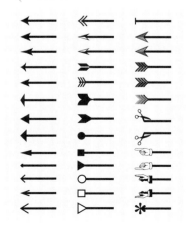

⑩ 种类繁多的符号：各种符号的名称和用法

除了汉字、西文字母、数字之外，文章内会使用到的符号出乎意料的多。本单元将介绍经常会用到的符号种类和名称。

各式各样的标点符号

在处理文章的版面配置时，可以说一定会遇到符号。有些符号属于标点符号，大致可以分为表示文章断句的"。"和"，"等断句符号，夹在文章中的会话、引用、表示强调的语句两端的"『』""（）"等，以及文章省略处和表示未完待续的"……"等连接符号。以下是常用代表性符号的介绍。

首先……奉上符号输入的方法

无法借由键盘和变更候选字输入的符号，可以通过〔字符检视器〕和〔字形〕来输入。

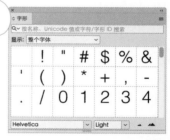

InDesign 的字形面板

点选〔文字〕功能表的〔字形〕，即可显示〔字形〕面板。请先选择字体和字体样式，再点选〔显示〕下拉菜单中的〔整个字体〕，就能看到大量可供选用的字符。在需要使用的符号上双击鼠标左键，即可将它输入文字文件中。

字符检视器

在使用 Mac 标准输入法时，从上方菜单列的输入法菜单中，点选显示〔字符检视器〕，即可开启。〔字符检视器〕的左栏列有标点符号、括号、箭头等分类，点选分类后，右栏会显示该分类的特殊符号与字符，从中点选想使用的字符，就能够将之输入文字文件中。

有些符号可以通过输入"记号"再变更候选字喔。

代表性符号及其使用方法

断句符号

符号	名称	用法
、	顿号	用于并列连用的词、词组之间，或标示条列次序的文字之后
。	句号	用于一个语义完整的句末。不用于疑问句、感叹句。尽管有逗号就应该有句号，但是用在标题时可能视情况省略句号
，	逗号	用于隔开复句内各分句，或标示句子内语气的停顿。全角逗号使用于中文，半角逗号使用于西文。半角逗号也可用于将每3位数字区隔开来，或是在西文中当作顿号使用
.	句点	西文横式排版时，和半角逗号一起使用，用法等同于句号
•	间隔号	用于原住民命名习惯的间隔，以及用于翻译外国人的名字与姓氏之间
:	冒号	用于总起下文，或举例说明上文
;	分号	用于分开复句中并列的句子
'	撇号	主要使用于西文的符号，用以表示名词所有格和语句的省略，也可以使用在年代的省略（1960 → '60）
!	叹号	用于感叹语气及加重语气的词、语、句之后
?	问号	用于疑问句之后，或是用于历史人物生死或事件始末的时间不详之处
?!	问号／叹号	用于同时表达疑问与惊讶的句末
⁄	斜叹号	用法相同于叹号，但是主要用在日文

括弧类

符号	名称	用法
（ ）	圆括号、小括号	用于行文中作注释或补充说明，以及用于数字编号等需要与其他句子区分的情形，也会使用在数学算式上
（（ ））	双圆括号	用于圆括号夹注的句子中，另有使用圆括号需求的情形
「 」	单引号	用于标示说话、引语、特别指称或强调的词语。一般引文的句尾符号标在引号之内。引文用作全句结构中的一部分，其下引号之前，通常不加标点符号
『 』	双引号	用于标示说话、引语、特别指称或强调的词语。如果有需要，双引号内再用单引号，依此类推
〔 〕	六角括号	用于圆括号内有使用另一层圆括号的需求时，以及用于标示解说、注记。主要使用在竖式排版
[ ]	方括号、中括号	用于标示发音、注释等语句，也会用在数学算式
{ }	大括号、花括号	用于涵盖两个以上的对象，也会用在数学算式
〈 〉	角括号、单书名号	用于篇名、歌曲名、文件名等
《 》	双角括号、双书名号	用于书名、影剧名
【 】	黑括号、实心方头括号	用于标示需特别强调的语句或标题
' '	单引号	相当于中文的圆括号和引号，用于西文
" "	双引号	相当于中文的双引号，用于西文或日文横式排版
〝 〞	强调符号	在竖式排版时，用于标示需强调的语句或引文。在某些情况下，也会拿来取代西文的双引号

039

符号类

符号	名称
※	米字号
*	星号
**	三星号
★	黑星星
☆	白星星
○	圆
◯	粗圆
◎	双圆
◉	鱼眼符号（大）
⊙	鱼眼符号（小）
●	黑圆
■	黑方形
□	白方形
▲	黑三角
△	白三角

符号	名称
◆	黑菱形
◇	白菱形
〒	邮政符号
#	井字号
†	短剑符号
‡	双短剑符号
§	章节号
‖	双直线
¶	段落号
°	度
′	单撇号
″	双撇号
✓	勾号
TEL	电话
♪	音符

单位符号

符号	名称
m	米
m²	平方米
m³	立方米
g	克
t	吨
l	升
a	亩
A	安培
W	瓦特
V	伏特
cal	卡路里
h	小时
min	分

符号	名称
s	秒
Hz	赫兹
p	皮（pico = 1/1,000,000,000,000）
n	奈（nano = 1/1,000,000,000）
μ	微（micro = 1/1,000,000）
d	分（deci = 1/10）
da	十（deac = 10 倍）
h	百（hecto = 100 倍）
k	千（kilo = 1000 倍）
M	百万（mega = 1,000,000 倍）
G	吉（giga = 1,000,000,000 倍）
T	兆（tera = 1,000,000,000,000 倍）

希腊字母

符号	名称
A · α	Alpha
B · β	Beta
Γ · γ	Gamma
Δ · δ	Delta
E · ε	Epsilon
Z · ζ	Zeta
H · η	Eta
Θ · θ	Theta
I · ι	Iota
K · κ	Kappa
Λ · λ	Lambda
M · μ	Mu

符号	名称
N · ν	Nu
Ξ · ξ	Xi
O · o	Omicron
Π · π	Pi
P · ρ	Rho
Σ · σ	Sigma
T · τ	Tau
Y · υ	Upsilon
X · χ	Chi
Ψ · ψ	Psi
Ω · ω	Omega

重音符号

符号	名称
á	高音符号
à	低音符号

符号	名称
â	长音符号
ã	颚化符号

符号	名称
ǎ	短音符号
ä	分音符号

重音符号输入

在 Mac OS 中，只要开启〔虚拟键盘〕，即可确认各重音符号的输入键位置。如要开启〔虚拟键盘〕，请先到输入法菜单中点选〔打开语言与文字偏好设定〕，并在〔输入来源〕菜单勾选〔键盘与字符检视器〕，然后再点选输入法菜单的〔显示虚拟键盘〕。在英文模式显示虚拟键盘再按下 option 键，就能够确认可套用重音符号的字母有哪些。输入时，请在按住 option 键的同时选择重音符号，接着放开 option 键再按下想要的字母键，如此一来，该字母就会以附带重音的形式输入。

在英文模式按下 option 键，即可确认哪些字符能够套用重音符号。

〔虚拟键盘〕

连接符号

符号	名称	用法
-	连字号	主要用于西文，当有多个句子连在一起时，插入其间的符号。有时也会用于连接行尾遭断字处理的单字
–	连接号	用于连接时间的起止或数值的范围等
—	破折号	用于语意的转变、声音的延续，或在行文中为补充说明某词语之处，以此说明语气需要停顿
——	全形破折号	用于语意的转变、声音的延续，或在行文中为补充说明某词语之处，以此说明语气需要停顿。中文（日文）多使用全形破折号
～	波浪状连接号	用于连接时空的起止或数值的范围等。有时用法等同破折号，但会用于文意较缓和的场合。此外，也会用于会话的句尾，借此表达情绪
…	三点删节号	用于节略原文、语句未完、意思未尽，或表示语句断断续续等。原则上会两个一起使用（共6点）

数学符号

符号	名称		符号	名称
＋	加号		≡	同余
－	减号		π	圆周率
×	乘号		√	根号
÷	除号		Σ	求和符号
＝	等号		∫	积分符号
≠	不等号		∞	无穷
<	严格不等号（小于）		∴	所以
>	严格不等号（大于）		∵	因为

其他符号

符号	名称		符号	名称
℃	摄氏度		TM	商标
%	百分比		©	版权、著作权
‰	千分比		Ⅰ Ⅱ	罗马数字（大写）
@	艾特（at）		ⅰ ⅱ	罗马数字（小写）
¥	日元		①②	圆框文字
$	美元		(1)(2)	括号数字
¢	分		(a)(b)	括号字母
£	英镑		♥ ♠	扑克牌符号
€	欧元		㈱㈲	省略符号
®	注册商标			

色彩与配色

了解色彩理论、色彩的作用和观感等设计
必备的色彩与配色知识。

① 何谓三原色：了解色彩的基础知识

在设计上，与文字排版同样重要的，就是色彩。尽管色彩没有绝对规则，但若能熟记以下基础知识，必定可以对设计创作有所帮助。

何谓三原色？

通过混合不同颜色，即可调配出各式各样的色彩。然而，有些颜色无法凭借混色创造出来，这些颜色就称为"原色"。原色可以分为"色光三原色"和"色料三原色"两种。"色光三原色"为红（red）、绿（green）和蓝（blue），即电视和电脑在显示色彩时的基本光色；另一方面，"色料三原色"为青（cyan）、洋红（magenta）、黄（yellow），即印刷油墨之基本色料的颜色。

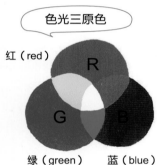

色光三原色

红（red）　绿（green）　蓝（blue）

"色光三原色"混合后明度会提高，属于"加色法"（additive color）。假如混合时，R、G、B三原色皆达到100%，就会形成白色。

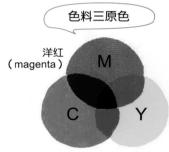

色料三原色

洋红（magenta）　青（cyan）　黄（yellow）

"色料三原色"混合后，颜色会变深且变浊，称为"减色法"（subtractive color）。假如混合时，C、M、Y三原色皆达到100%，就会形成黑灰色。

色彩三要素

红色可以是"鲜红色""暗红色""朱红色"等千变万化的红。色彩的呈现可以通过"色相"（hue）、"明度"（value）、"饱和度"（saturation）等色彩三要素来定义。其中，"色相"即为颜色、色彩，"明度"为色彩的亮度，"饱和度"则为色彩的鲜艳程度。右侧的立体图称作"色立体"（color solid），用以说明"色相""明度""饱和度"之间的关系。

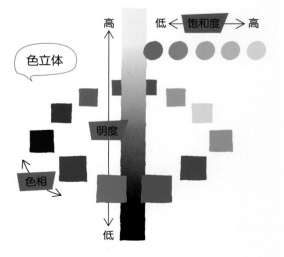

色立体　高　低←饱和度→高　明度　色相　低

色相

色相指的是红、蓝、绿等色彩。将物体色（object color）制成具循环性的环，就称为"色环"（color wheel）。一般而言，会如右图般以 12 色来表示，或是以 24 色来呈现。不过，色环不止一种，色名或色相的位置都可能不尽相同。

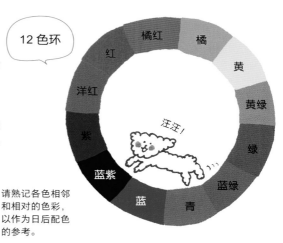

12 色环

汪汪！

请熟记各色相邻和相对的色彩，以作为日后配色的参考。

明度

除了色相之外，色彩的明度也会有所差异。明亮、暗淡等色彩明亮程度就称为"明度"。通过以消色（achromatic color，无彩色）制成的由白到黑的明度表，即可了解明度的等级，白色明度最高，黑色明度最低。彩色方面，同样是越接近白色明度越高，越接近黑色明度越低。

饱和度

饱和度即是色彩的鲜艳程度。饱和度很容易与明度混淆，不过，有别于明度表示的是由白到黑的明亮程度，饱和度表示的是色彩的鲜艳程度（显色强度）。例如，色相所呈现出的红、蓝、黄等颜色中，最鲜艳的红、最鲜艳的蓝和最鲜艳的黄即是高饱和度的颜色，这些色彩就称为"纯色"。

左侧的纵轴为由白到黑的明度表，右侧以纯色为顶点的三角形则是饱和度示意图。所谓的饱和度降低，就是该色相纯度最高的纯色混入了其他色彩。感觉上，混入白色似乎会使颜色变亮，所以或许不这么容易认知到它其实是变混浊、饱和度下降了。不过，只要从纯色的角度来看，就可以清楚看出，纯色一旦混入其他色彩，饱和度就一定会下降，无关乎明暗。

一般而言，高饱和度且明度也高的"黄色"，可谓最为显眼的华丽色彩。

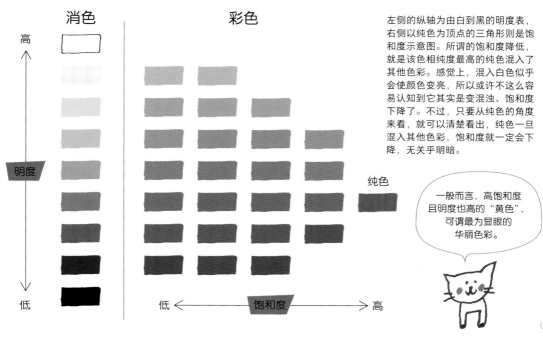

消色

彩色

高

明度

低

纯色

低 ← 饱和度 → 高

彩色与消色

色彩有"彩色"和"消色"之分。"消色"包含白色、黑色，以及两者混合所产生的各种灰色。消色虽然拥有呈现明暗的明度属性，却没有"色相"和"饱和度"的差别。"彩色"是指消色以外的所有颜色，其色相、明度和饱和度等三大要素一应俱全。

彩色

消色

何谓色调（tone）？

色彩的调性称为"色调"，其与色彩三要素中的明度和饱和度密不可分。如下图所示，色调可分为 5 种消色及 12 种彩色，名称分别是"pale"（淡）、"dull"（钝）、"vivid"（鲜）等。同色调的颜色特别容易搭配。

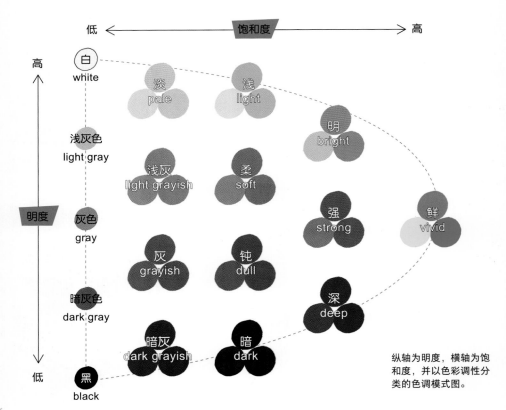

纵轴为明度，横轴为饱和度，并以色彩调性分类的色调模式图。

互补色和相近色

在色环上位置相对的色彩关系称为"互补色"。在使用油墨等色料的情况下，互为互补色的两色混合后，会抵消彼此的色相，变成深灰色。此外，互补色两旁的色彩称为"对比色"。另一方面，在色环上位置相邻或相近的色彩则称作"相近色"。

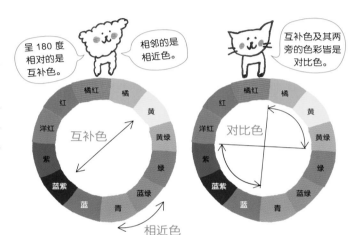

暖色和冷色

若是从色彩给人的观感来分类，色环中的红、橘、黄色系属于"暖色"，蓝、蓝紫、蓝绿色系属于"冷色"。另外，介于暖色和冷色之间的紫色和黄绿色等则称为"中性色"。"暖色"给人温暖、欢乐、狂热等印象；"冷色"则给人沉静、认真、清凉等印象。

暖色

冷色

中性色

② 认识色彩给人的感觉：了解色彩运用在设计上的效果

色彩具有引发联想、煽动情绪的作用。只要理解相关知识并运用在设计上，作品的可能性也将更加宽广。以下是关于色彩印象及其作用的介绍。

色彩的印象

从颜色感受到的情感和印象因人而异，国家、文化和宗教的不同，色彩代表的意义也会有所差异。此外，每个色彩大多同时拥有正面和负面的双面形象。了解各色彩给人的印象并运用在设计上，等于是在无形中增加创意百宝箱内的宝藏。不过，也请记住，色彩充满无限可能性，没有所谓的绝对规则。

下述颜色单独存在时，普遍能引发的联想。

红	太阳、夕阳、炙热、爱情、热情、斗争、邮筒、血、火焰
橙	秋天、光明、活力、热闹、焦躁、嫉妒、成熟、柑橘类
黄	阳光、光、灼热、月亮、希望、快乐、健康、轻浮、黄金、柠檬
黄绿	嫩叶、新芽、草地、春天、新鲜、明朗、未成熟、军队、哈密瓜、绿茶
绿	新绿、嫩芽、草木、安息、永远、安逸、初夏、森林、草原

蓝	晴天、水、海、天空、青春、清凉、悲伤、冷淡、平静、陶器
紫	优雅、神秘、高贵、古典、不安、孤独、菖蒲、葡萄、茄子
白	云、雪、光、冬天、纯真、洁净、空虚、信仰、医院、白兔
灰	阴天、夜晚、下雪天、沉稳、中立、沉默、水泥、烟
黑	夜空、宇宙、严肃、厚重、阴森、不吉利、乌鸦、黑发、礼服

色彩的效果

同时看两种以上的色彩，感觉不同于只看单色，这种现象称为色彩对比。另外，色彩还具有前进性、后退性、膨胀性、收缩性等性质。尽管如前面所提及，色彩没有绝对规则，但是一般来说，人们会从色彩接收到某些特定情绪，以下内容将介绍色彩的各种效果。

〔轻与重〕

相同的皮箱图案，左边看起来重，右边看起来轻。明度低的色彩会给人沉重的印象，明度高的色彩则显得较轻盈。

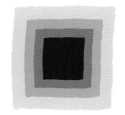

〔前进与后退〕

左图的中央感觉突出，右图的中央的感觉内凹。暖色系（红、橙、黄）具有前进性，而冷色系（蓝、蓝紫、紫）具有后退性。

〔兴奋与沉静〕

左右两颗草莓看起来都很美味，然而，红、紫红、橘红等高饱和度的色彩能够传达出生气勃勃的兴奋感，而蓝、蓝绿和蓝紫等低明度、低饱和度的颜色则散发着沉静感。

〔膨胀与收缩〕

同一张小狗插图，左图中的狗看起来又小又远，右图中的显得又大又近。冷色系的低明度色具有收缩性，暖色系的高明度色则具有膨胀性。

〔明度对比〕

即使是同样的黄色星星，左图却显得较为明亮，这是因为左图的黑色底色与黄色之间的明度差异较大。形成对比的两个颜色彼此明度差距越大，会让原本较亮的那一方显得更亮，较暗的那一方则显得更暗。

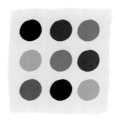

〔色相对比〕

这两张图的花色一样，底色也一样，不过，右图的底色看起来却像是不同于左图底色的灰。因为，如右图般，当彩色与消色对比时，会令人感觉消色透出了一点彩色的互补色。

熟记配色基本规则

两色以上的组合就称为配色，协调的配色能够令观赏者感到赏心悦目。以下是基本配色理论的介绍。

基本配色理论

相同于色彩给人的印象，配色协调与否的标准也没有绝对定律。不仅如此，有时候我们甚至会想追求不协调配色，未必要显得和谐。然而，在思考设计样貌的时候，若能预先掌握配色理论，将有助于在无数色彩组合中，找到最适合当下的配色。

善用类似元素的配色

色相一致。采用色环上相近色的配色。

CMYK: 50-80-0-0	10-30-0-0	30-60-0-0	70-100-40-0
RGB: 146-72-152	229-194-219	186-121-177	108-36-99

色调一致。采用同色调色彩的配色。

20-0-20-0	0-20-10-0	10-20-0-0	20-0-10-0
213-234-216	250-219-218	231-213-232	212-236-234

善用消色的配色

比起彩色，采用同属消色的色彩，搭配起来更容易协调。

0-0-0-100	0-0-0-50	0-0-0-20	0-0-0-80
0-0-0	159-160-160	220-221-221	89-87-87

令消色面积大于彩色面积。此配色能让其中的彩色更显眼。

0-50-0-0	0-0-0-50	0-0-0-20	0-0-0-80
241-158-194	159-160-160	220-221-221	89-87-87

使用主色（dominant color）的配色

面积小的区块有多种颜色，面积大的则仅使用单色以作为主色，借此达到色彩协调。

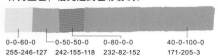

0-0-60-0	0-50-50-0	0-80-0-0	40-0-100-0
255-246-127	242-155-118	232-82-152	171-205-3

在有多种颜色的版面上方，如滤镜般叠上一层单色，可使整体获得和谐的效果。该单色即是主色。

0-0-60-0	0-50-50-0	0-80-0-0	0-30-100-0
255-246-127	242-155-118	232-82-152	250-190-0

40-0-100-0 171-205-3 透明度50%

使用强调色（accent color）的配色

在暖色系的配色中，增添小面积的高饱和度冷色。该冷色扮演的是强调色。

0-100-100-0	0-60-60-0	100-0-100-0	0-90-50-0
230-0-18	239-132-92	0-153-68	231-54-86

在钝色调的配色中，增添小面积的鲜色调色彩。该鲜色扮演的是强调色。

30-70-80-50	50-90-70-50	100-0-0-0	40-60-90-10
129-49-42	93-27-39	0-160-233	159-108-47

渐层配色

色彩一点一点地逐渐变成另一个颜色的配色，就称为渐层配色。除了能利用色相、饱和度和明度等元素打造渐层之外，也能同时运用两种元素来产生渐层，例如色相搭配明度等。

左图是通过明亮程度变化所产生的渐层，改变的只有明度。右图则是明亮程度和颜色同时变化的渐层，改变的除了明度还有色相。

这是早上的天空~

这是晚霞~

文字色彩与易读性

文字的易读性会因为文字色彩和底色的对比而改变。文字色彩和底色明度差异大，易读性就高，譬如以下的 A 例和 B 例。反之，文字色彩和底色的明度皆高，或是两者明度都低，则易读性就低，譬如以下的 C 例和 D 例。此外，如 E 例般，当文字色彩和底色为互补色关系的时候，感觉会非常刺眼，导致阅读困难。不过，若是如 F 例那样，虽是互补色关系，但是明度差异大，多少能改善易读性。

A. 写给设计师的印刷基础知识

明度差异大。文字色彩的明度高，底色明度低。

B. 写给设计师的印刷基础知识

明度差异大。文字色彩的明度低，底色明度高。

C. 写给设计师的印刷基础知识

明度差异小。文字色彩和底色的明度皆高。

D. 写给设计师的印刷基础知识

明度差异小。文字色彩和底色的明度皆低。

E. 写给设计师的印刷基础知识

文字色彩和底色为互补色关系。

F. 写给设计师的印刷基础知识

文字色彩和底色为互补色关系，但是明度差异大。

④ 认识彩色印刷

色料通过青（cyan）、洋红（magenta）、黄（yellow）这三原色的混合，即可调配出各式各样的色彩。本单元将说明彩色印刷的色彩重现原理。

何谓 CMYK

在工作中设计的作品，最终大多会经过印刷流程而成为产品。利用电脑制作的设计，在荧幕上是以 R（红）、G（绿）、B（蓝）这 3 色光的混合来呈现；另一方面，彩色印刷品则是凭借 C（青）、M（洋红）、Y（黄）、K（黑）这 4 色油墨混合而成。因此，由于色彩的重现方式不同，印刷品的颜色几乎不可能百分之百符合荧幕显示的颜色。接下来是彩色印刷的色彩重现原理。

基于减色法理论，以青、洋红、黄 3 色各为 100% 的比例混合，会形成极其接近黑色的黑灰色。然而，实际用于印刷的 CMY 油墨即使相互混合，也无法产生黑色，只会变成接近深褐色的色彩。所以，为了重现理想的黑色，必须使用黑色油墨。这 4 个颜色就称为印刷色（process color），而以此 4 色进行的印刷也称作全彩印刷（process printing 或 process color printing）。

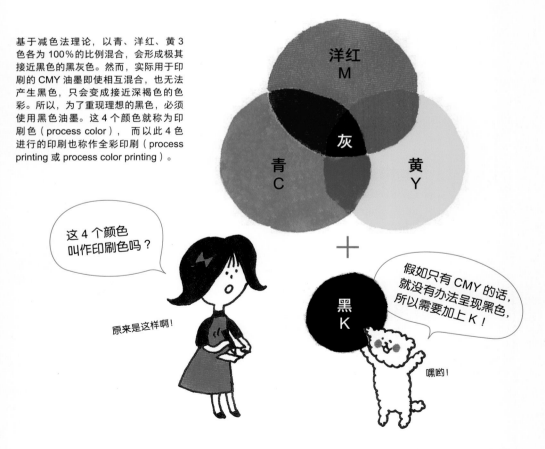

彩色印刷的色彩重现方法

在印刷彩色图像的时候，首先会将之分解成 CMYK 4 个色版。在色版上，各色彩的阶调会转换成肉眼看不见的细点，称为"网点"，而色彩的深浅就是通过这些点的大小及分布密度来呈现。将分别涂上 C、M、Y、K 油墨的网点色版重叠印刷，就能够制作出重现设计色彩的印刷品。

原图像

印刷品

倘若放大彩色印刷品，就可以看出色彩是由 CMYK 各色的点混合交错而成。

哇！好多点啊！

分解成 4 个色版，并转换成网点。

4 个色版重叠印刷，即可获得彩色印刷品。

〔C 版〕　〔M 版〕　〔Y 版〕　〔K 版〕

转换为 CMYK 4 个色版的彩色图像，亦即将其分解成 4 色。图像内含的阶调信息可以被转换成各版上的网点。

网站的色彩

网站的色彩是通过荧幕观看，因此是以 RGB 色光三原色的加总来显示。以下是适用于网络的 5 种基本色彩指定方法。

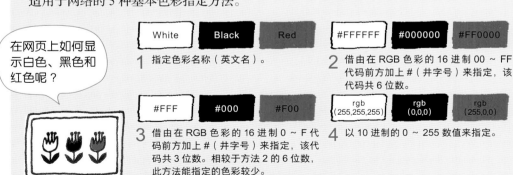

在网页上如何显示白色、黑色和红色呢？

White　Black　Red

1 指定色彩名称（英文名）。

#FFFFFF　#000000　#FF0000

2 借由在 RGB 色彩的 16 进制 00 ~ FF 代码前方加上 #（井字号）来指定，该代码共 6 位数。

#FFF　#000　#F00

3 借由在 RGB 色彩的 16 进制 0 ~ F 代码前方加上 #（井字号）来指定，该代码共 3 位数。相较于方法 2 的 6 位数，此方法能指定的色彩较少。

rgb(255,255,255)　rgb(0,0,0)　rgb(255,0,0)

4 以 10 进制的 0 ~ 255 数值来指定。

rgb(100%,100%,100%)　rgb(0%,0%,0%)　rgb(100%,0%,0%)

5 以 0 ~ 100 的百分比来指定 RGB 的值。

利用软件调配色彩

用 InDesign 和 Illustrator 绘制物件（图形、线条）时，若要指定其线条或填色的色彩，可点击〔窗口〕功能表的〔颜色〕，并点选其中的〔颜色〕选项，以开启对应面板。〔颜色〕面板的菜单中有数种色彩模式可供选用，如需制作印刷用的文档，请选择〔CMYK〕模式。设定时，除了能直接在右侧栏位输入 CMYK 的百分比，也可以拉动滑块更改数值。除此之外，还能凭直觉从位于下方的光谱中点选想要的色彩。

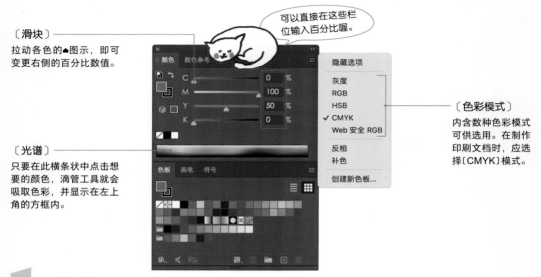

可以直接在这些栏位输入百分比喔。

〔滑块〕
拉动各色的▲图示，即可变更右侧的百分比数值。

〔光谱〕
只要在此横条状中点击想要的颜色，滴管工具就会吸取色彩，并显示在左上角的方框内。

〔色彩模式〕
内含数种色彩模式可供选用。在制作印刷文档时，应选择〔CMYK〕模式。

新增色彩至色板

若想将调配出来的颜色新增至色板，可点击〔颜色〕面板菜单内的〔新建色板〕。对于经常使用的色彩，只要将之新增至色板，就无须再度重新调配，很是便利。如果要开启〔新建色板〕面板，请点按〔窗口〕功能表的〔颜色〕，再点选其中的〔色板〕。于〔色板〕面板内，点选已新建的色板并双击鼠标左键，即可开启〔色板选项〕，还能为色板命名。

点击一下〔新建色板〕就可以啰！

记得取个浅显易懂的名称喔。

色彩深浅的表示方法

　　色彩的深浅是由 CMYK 各色的百分比数值来决定的，比例低，颜色就淡；比例高，颜色就深。混色的时候也是一样，如右图所示，C70、Y70 呈现的色彩较 C50、Y50 深，C100、Y100 也较 C70、Y70 深。倘若再加上 K（黑），就能调配出更深、更暗的色彩。

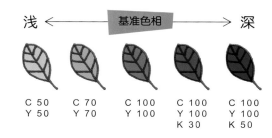

浅 ←　基准色相　→ 深

C 50	C 70	C 100	C 100	C 100
Y 50	Y 70	Y 100	Y 100	Y 100
			K 30	K 50

澄澈与混浊

　　印刷油墨 CMYK 的混合属于减色法，所以混合的色彩数量越多，颜色就变得越混浊、越暗淡。若想呈现澄澈明亮的颜色，请尽量减少混合的色彩数量，同时避免各色的百分比总和过大。

澄澈明亮 ←　　　　　→ 混浊暗淡

50%	60%	70%	80%
C 0	C 0	C 20	C 20
M 0	M 30	M 20	M 20
Y 50	Y 30	Y 30	Y 20
K 0	K 0	K 0	K 20

色彩的混合方法

　　以下介绍 12 色环的制作方法，我们将以 CMY 3 色为基础，并通过 C 和 M、M 和 Y、C 和 Y 等双色组合百分比的增减，来调配色环上的色彩。熟记此色彩混合法的方法，必能对日后有所帮助。

调整双色组合的百分比，就能打造出各种不同的颜色哟。

嗯嗯。

±50

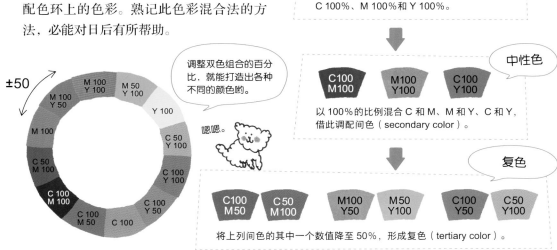

三原色

首先调配作为基础的原色（primary color）C 100%、M 100% 和 Y 100%。

中性色

以 100% 的比例混合 C 和 M、M 和 Y、C 和 Y，借此调配间色（secondary color）。

复色

将上列间色的其中一个数值降至 50%，形成复色（tertiary color）。

前面篇章曾提及，以不同比例调配CMYK 等印刷色，即可呈现出不计其数的色彩。下图是 CMYK 之浓度各自以 10％等距变化的图表。从下页开始的图表，则是让 C+M、C+Y、M+Y、C+M+Y（Y 值固定为 50％）的比例以 10％等距变化。若心中对想要的颜色已经有想法，不妨从图表中找到相近色彩，并参考其百分比的数值。

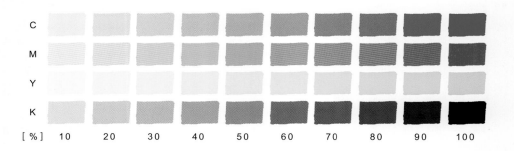

C										
M										
Y										
K										
[％]	10	20	30	40	50	60	70	80	90	100

何谓复色黑（rich black）

印刷上，是以 K100％来呈现黑色的。然而，如需表现更加美丽而深邃的黑，我们使用的就不只是 K，还会加入 CMY，而这样的黑色就称作"复色黑"。除了同时混合 CMYK 4 色之外，有时也会仅以 K 搭配另一色，下列图表为复色黑的混合范例。此外，假使 CMYK 皆以 100％的比例混合，可能会因为使用的油墨量大，导致不易干燥造成背印（set-off）情形，请务必小心。

打造更浓厚的黑！

乌溜溜的哟。

复色黑									
C 10 M 10 Y 10 K 100	C 20 M 20 Y 20 K 100	C 50 M 50 Y 50 K 100	C 50 M 50 K 100	C 50 K 100	M 50 K 100	Y 50 K 100	C 100 K 100	M 100 K 100	Y 100 K 100

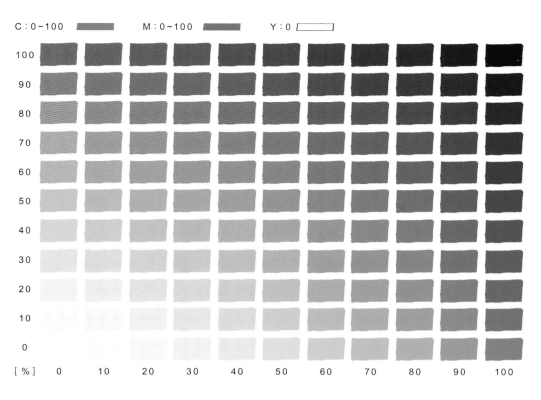

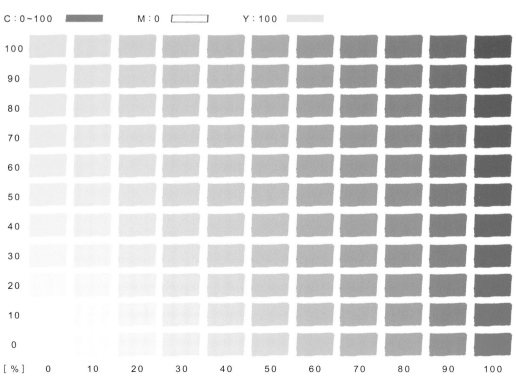

C : 0 ☐   M : 0~100 ▅   Y : 0~100 ▅

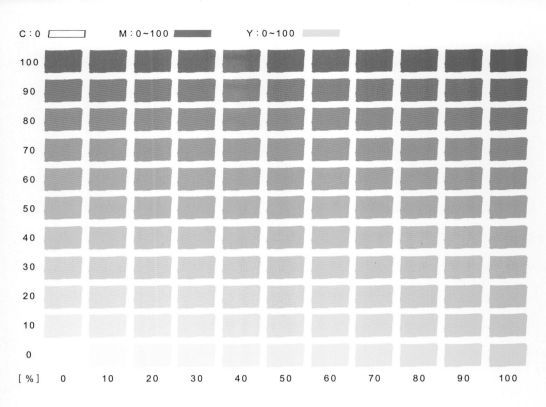

| [%] | 0 | 10 | 20 | 30 | 40 | 50 | 60 | 70 | 80 | 90 | 100 |

C : 0~100 ▅   M : 0~100 ▅   Y : 50 ▅

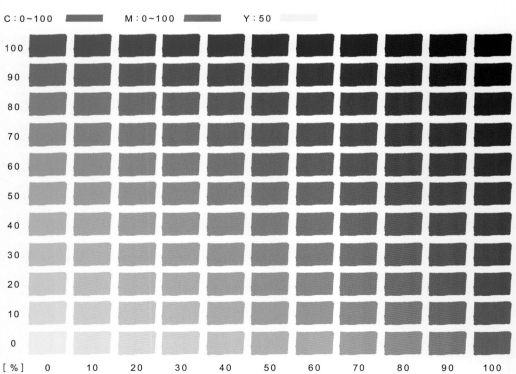

| [%] | 0 | 10 | 20 | 30 | 40 | 50 | 60 | 70 | 80 | 90 | 100 |

图 像

了解设计上必备的图像处理基础知识、图
档处理办法，以及 PDF 基础知识等。

位图？矢量图？
数码图像的基础知识

利用 DTP 进行设计时，有时也会需要处理大量的图像。接下来，让我们一起认识数码图像的相关基础知识，学会如何正确地处理素材。

DTP 经手的图像类型

排版文件中，除了文字之外，还包含大量其他元素，例如相片、插图等视觉元素、底色或线条等辅助用途的装饰性元素、表格、图表等解说性元素。纯文字以外的部分皆属"图片"，其中，仅有少部分会直接在排版软件上制作，其余绝大部分是借由汇入其他软件制作的图像，再予以配置。处理图像的代表软件有以处理相片为主的 Photoshop，以及以处理图形和插图为主的 Illustrator。

位图（bitmap）与矢量图（vector graphics）

关于数码图像，位图与矢量图是首先需要牢记的分类。位图是点的集合，十分适合用于阶调表现，但是放大后画质的清晰度会下降。另一方面，矢量图是利用电脑语言，将图形视为数码"信息"来描述，因此就算放大也不会失真。用以处理前者的代表软件为 Photoshop，处理后者的代表软件则是 Illustrator。

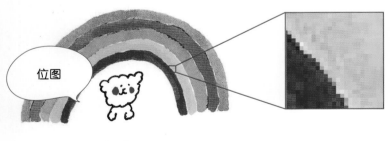

位图

放大后粒子会变粗，是利用方格集结而成的图档。位图主要是借由 Photoshop 等"位图编辑器"（raster graphics editor）来处理。

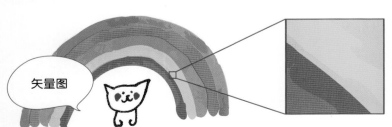

矢量图

不论放大还是缩小都不会失真，可用于绘制插图和图形，主要是借由 Illustrator 等"矢量图编辑器"（vector graphics editor）来处理。

位图与矢量图的绘制原理

在矢量图中，图形的形状和位置是以"信息"的形式储存，即使大小改变，也能借由参照"信息"来重新产生图形，因而可以描绘出不会失真且线条平滑的图，文件相对较小也是其特征之一。位图是由横竖规则排列的正方形方格所组成，所以不适于绘制曲线。想要使曲线显得流畅，就必须增加点的密度（提升分辨率）。

位图

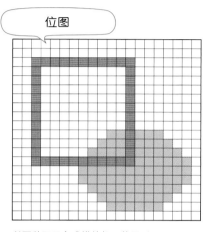

矢量图

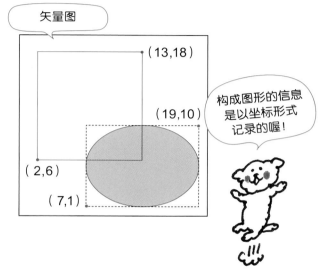

（13,18）

（19,10）

（2,6）

（7,1）

构成图形的信息是以坐标形式记录的喔！

以两种不同方式描绘相同的图形。
左图和右图分别是位图及矢量图的画法。

何谓位元（bit）?

位元是用以表示信息量的单位，存在于以二进制处理的电脑世界。单位元能处理"0"（OFF）和"1"（ON）这两种信息。在绘制图像方面，则可以进行"白"与"黑"之间的切换，也就是每个点仅能显示白色或黑色，再借由点的密度和排列方式来表现色彩深浅。单位元图像称为"黑白"（单色）图像。8 位元为 2 的 8 次方，因此可表示 256 种信息。色彩上，可分为以 256 色呈现黑白图像的"灰阶模式"（grayscale mode），以及内含特定 256 色的"索引色模式"（indexed color mode）。在信息量更加庞大的 24 位元图像中，RGB 各色皆拥有 256 个色阶，因而得以重现全彩图像。

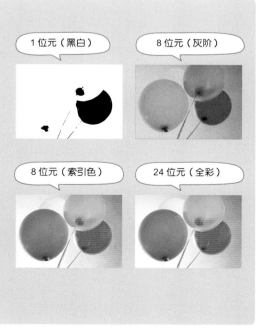

1 位元（黑白）

8 位元（灰阶）

8 位元（索引色）

24 位元（全彩）

何谓图像分辨率

对于处理图像的 DTP，"分辨率"是经常使用到的单位。它指的是每英寸内含的点数（dot），因此单位为"dpi"（dot per inch，每英寸点数）。"点"和"像素"（pixel）基本上一样，所以有时也会以"ppi"（pixel per inch，每英寸像素数）来表示分辨率。如

同下图对位图的解说，分辨率越高，点数和像素数的密度就越高，所呈现的画质与线条也会更细腻且流畅。分辨率能提升的范围，需视图像的总像素和实际大小（打印大小）而定。相关设定可以通过 Photoshop 来进行（参见第 64 页）。

对于印刷用的图像尺寸，"350dpi"是其中一个标准数值。此数值能够印出几乎看不见色点的细腻图像。

〔350ppi 示意图〕　　1 英寸（25.4mm）

1 英寸

是由 350×350 个方格组合而成的哟。

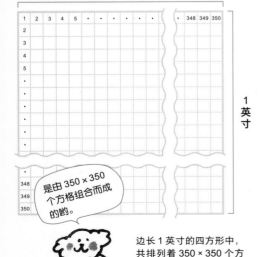

边长 1 英寸的四方形中，共排列着 350×350 个方格。图像就描绘于这些方格上，即 350ppi。

对于以荧幕显示的图像，"72dpi"是其中一个标准数值。倘若打印至纸上，就会看到明显的色点，令人感觉粗糙、质感不佳。

〔72ppi 示意图〕　　　　1 英寸

1 英寸

1	2	3	4	5	6	71	72
2							
3							
4							
5							
6							
71							
72							

这是由 72×72 个方格组合而成的。

边长 1 英寸的四方形中，共排列着 72×72 个方格。图像就描绘于这些方格上，即 72ppi。相较于 350ppi，其密度有着天壤之别。

网线数和网点

在印刷领域中，也会使用"网线数"这个类似分辨率的单位，此单位表示的是每英寸内的网点数量，单位写法为"lpi"（lines per inch，每英寸线数）。同样的道理，网线数越高，印刷就越细腻；网线数越低，成品就越粗糙。在印刷上，所需的网线数会因用途而异，通常，全彩印刷会设定在175lpi（175 线）。不同于图像的"像素"，

用以将色彩重现至印刷品的"网点"大小和形状皆无固定。不同色彩的网点排列方式也有所差异。1.5~2个像素的信息，大约可以转换成1个网点。因此，在日本，对于构成网点不可或缺的像素量，一般会是网线数的两倍，175的两倍即是350。换言之，使用于全彩印刷版面的图像分辨率，之所以大多是以"350dpi"为标准，即为此缘故。

85线　　　　　133线　　　　　175线

网线数越高，成品就越精细；网线数越低，粗大的粒子就越明显。全彩商业印刷一般以175线为标准。

分辨率计算方法

> 印刷需要的图像分辨率（dpi）
> ＝ 印刷的网线数（lpi）×2

对于日本的印刷作业，图像分辨率通常需要达到网线数的两倍。因此，全彩印刷多将标准设定在350dpi。倘若遇到线数不同的情况，务必向印刷公司确认所需的图像分辨率数值。

分辨率、线数及用途之间的关系

印刷线数会随着印刷媒体类型和纸张种类而改变，因此，所需的图像分辨率也会不一样。

线数	图像分辨率	用途	纸张种类
85 线	72dpi	报纸、周刊的黑白页	新闻纸（newsprint paper）、磨木纸（woody paper）
100 线	90dpi	书籍、杂志的黑白页	胶版纸（wood-free paper）
133 线	250dpi	书籍、杂志的黑白页	胶版纸
150 线	250dpi	书籍、杂志的彩色页	涂布纸（coated paper）、轻量涂布纸（lightweight coated paper）
175 线	350dpi	书籍、杂志的彩色页	涂布纸、轻量涂布纸、铜版纸（art paper）
200 线	400dpi	画册、摄影集	铜版纸

分辨率的变更方法

在 Photoshop 的操作上，不论是图像分辨率变更，或是与之密不可分的尺寸设定，皆可通过〔图像〕功能表内的〔图像大小〕来进行。该对话框会显示图像的（像素）尺寸，因此能够确认原始文件的信息量（像素量），或是更改至适用于印刷的分辨率。设定的时候，虽然有能够增补像素信息的〔重新采样〕功能，但在重视画质的情况下，原则上不会勾选此项目。将"分辨率"设定至 350 像素 / 英寸时，如果图像的实际大小不足，就得设法取得尺寸更大的文件，或者也可以重新思考配置于版面的尺寸。

〔（像素）尺寸〕
这里显示的是图像的总像素。若取消勾选〔重新采样〕，此处的数值就会呈现固定而无法变更的状态。在制作适用于报纸、杂志版面的印刷用图档时，这些数值没有随意更改的必要。

假如选用"点""英寸""像素 / 厘米"，会造成理解困难喔。请特别注意！

这个选项基本上不会勾选！

〔重新采样〕选项
在勾选〔重新采样〕的情况下，这里可以选择增补像素时所采取的方法。对于一般相片原稿等，倘若必须借助像素增补来变更分辨率，建议选用较擅长呈现平滑细节的〔两次立方〕（bicubic），而非〔邻近〕（nearest neighbor）或〔两次线性〕（bilinear）。

〔重新采样〕
如需制作高品质的印刷用图像，基本上不会勾选这个选项。操作时，先取消此处的勾选，并将〔分辨率〕设定至 350 像素 / 英寸，接着确认实际图像大小是否足够，必须在万事俱备的情况下，才能开始着手创作，不过缩小尺寸过大的图像则属于例外情形。此时，请勾选〔重新采样〕，并于〔宽度〕和〔高度〕栏位输入所需数值。

〔文件尺寸〕
此部分可用于确认图像是否符合排版所需的大小。以上图为例，在分辨率保持为 350 像素 / 英寸的情况下，图像的实际大小最多可达宽 150 厘米、高 106.39 厘米。图像的尺寸虽然也可以在排版软件中调整，但是，假如图像尺寸大幅超出实际所需大小，只会徒增文件大小。因此，预先在这里缩小至适当的尺寸非常重要。进行设定时，需先勾选〔重新采样〕。另外，宽度、高度和分辨率都能选用其他单位，所以确认尺寸时，建议切换成易于理解的"厘米"和"像素 / 英寸"。

邻近（硬边缘）

复制相邻像素的像素补增法。由于仅是进行单纯的复制与删除处理，所以速度较快，但是也因此不适合呈现平滑的渐层效果。

两次立方

参照相邻之上下左右和 4 个角这 8 个像素的像素补增法。在 Photoshop 中，共有多种"两次立方"可供选用。

像素量和分辨率

这一节属于第 63 页提及之图像分辨率计算的应用。图像的总像素，可以通过分辨率乘以图像尺寸（英寸）推算出来。而利用第 64 页说明的 Photoshop〔图像大小〕对话框，就无须思考算法，只需输入所需尺寸的数值，即可自动计算出总像素。制作印刷用的图档时，倘若总像素不足，就无法指定适

当的分辨率和尺寸。由此可知，总像素的重要性。不过，总像素并非越多越好，一般印刷的分辨率相对于实际大小应为 350dpi，超过"所需像素量"也是多余的。有时候，为了缩小文件大小，也必须视情况使用"重新取样"功能，并且改变尺寸，借此调整总像素量。

〔总像素不同〕

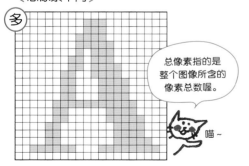

总像素指的是整个图像所含的像素总数喔。

喵~

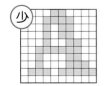

上图为 20×20 共 400 像素的图像，下图为 10×10 共 100 像素的图像。

〔总像素相同、分辨率不同〕

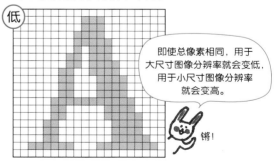

即使总像素相同，用于大尺寸图像分辨率就会变低，用于小尺寸图像分辨率就会变高。

锵！

上下两张图皆是 20×20 共 400 像素的图像，改变大小后，上图虽然尺寸较大，像素密度却低于下图，即分辨率较低。下图虽然尺寸较小，但由于像素密度高于上图，所以分辨率亦较高。

② 何时要交？工作执掌怎么分？ 图像的各种处理流程

文件格式及色彩模式的变换、改变尺寸、色调修正……图像必须视需求进行处理。本章将着重讲解图像处理的工作流程。

图档的工作流程

关系到 DTP 工作流程的人员众多，例如摄影师、编辑、设计师、排版人员、印刷公司等。假如未明确规定每个人的执掌范围，想必会问题百出。此外，对于色彩配置文件（color profile）倘若不具备正确的相关知识，很可能会发生不慎更改图像色相等问题。因此，请务必事先制定整个工作流程的明确规则，借此打造出优良的作业环境，让图像得以正确无误地交接给后续工序。

摄影交稿流程范例

数码相机的图像格式

数码相机能够以 RAW、JPEG、TIFF 等格式保存图像。假如在工作流程中负责修图的不是摄影师，图像通常会直接以其中一个格式交给设计师，因此，视需求改变图像的储存格式很重要。另外，RAW 格式是日后能利用相片编辑软件进行调整的优秀格式，因而在重视品质的专业工作现场十分被看重，不过在一般的数码相机中并不常见。

文件格式	特征
RAW	此格式的名称"RAW"，代表"未经加工"的意思。如想开启，必须使用各相机制造商的原厂软件，或是 Adobe Photoshop Lightroom、Aperture 等专业软件。不过，就如同底片的"显影"步骤，RAW 档在拍摄后，也能够随心所欲地进行调整与输出。
JPEG	被广泛使用的图像格式。通常，DTP 很少将其当作最终文件格式，当摄影师直接提供 JPEG 图像时，必须根据需求另存为其他文件格式。
TIFF	由于能够使用于各种不同的环境，所以在交付图像时十分方便。储存时可以选择压缩格式，只要选择 JPEG 以外的格式，就能在不失真的情况下反复存档。随着以 PSD 原生格式交稿的做法越来越普及，TIFF 不再那么常见，不过它有时也会被当作印刷完稿的文件格式。

RAW 档的扩展名会因为数码相机的品牌而改变！

.crw 或 .cr2（CANON）
.nef（NIKON）
.arw（SONY）
.pef（PENTAX）
.orf（OLYMPUS）
.raf（FUJIFILM）

相机品牌不同，扩展名也不同。

DTP 经常使用的图像格式

以前 DTP 在储存图像的时候，绝大多数都是采用 EPS 格式。然而现在，随着 Adobe 排版软件 InDesign 的普及，DTP 也开始支持同公司发行的 Photoshop 和 Illustrator 的原生格式。在制作印刷档时，经常会读入这些文件格式的图像。不过，无论选择使用哪个图像格式，都务必事先向印刷公司确认最终印刷档该使用的格式。此外，图档名结尾的"."（点）后方所连接的字串称为"扩展名"。通过扩展名，即可辨别该图像的文件格式。

EPS 扩展名为 .eps 或 .epsf	PSD 扩展名为 .psd	TIFF 扩展名为 .tiff 或 .tif	AI 扩展名为 .ai
EPS 为 Encapsulated PostScript 的缩写，属于 PostScript 的一种延伸类型，非常适合 DTP 和印刷用途，大众普遍认知"只要选择此格式就万无一失"，长久以来都是应用于 DTP 的标准格式。	Photoshop 的原生格式。除了能保有透明特性和图层等信息之外，文件也较小。如今，PSD 已然成为取代 EPS 的新标准，使用十分广泛。在使用上，请特别注意软件不同版本间的兼容性。	这里列举的 4 种格式中，TIFF 对应的环境最广。交付文件时若不知对方使用何种作业环境，就是 TIFF 派上用场的时候了。尽管随着 PSD 格式的普及，TIFF 已较少人使用，但它仍是常见的印刷档格式。	Illustrator 的原生格式。除了搭上排版软件 InDesign 的顺风车，其本身的便利性也让它成为广为使用的格式。如同 PSD 格式，在使用上请特别注意软件不同版本间的兼容性。

图档的工作流程

数码图像拥有多种色彩模式，例如通过色光三原色显色的 RGB 模式，以及利用色料三原色加上 K 来显色的 CMYK 模式。一般而言，全彩印刷使用的图档必须为 CMYK 模式。所以，数码相机所拍摄的 RGB 图档等，必定得在某个阶段转换成 CMYK 模式。由印刷公司负责处理此项操作的情况颇为常见，不过有时也会交由设计师负责。

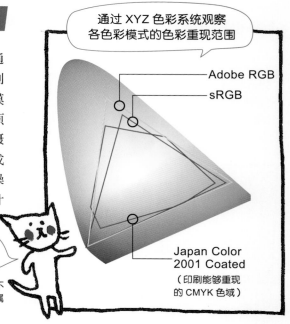

通过 XYZ 色彩系统观察各色彩模式的色彩重现范围

Adobe RGB
sRGB
Japan Color 2001 Coated
（印刷能够重现的 CMYK 色域）

线框内的颜色才是能够重现的色彩哟。

RGB 和 CMYK 能够重现的色域（color gamut）不同。不仅如此，Adobe RGB 和 sRGB 等，即使都属于 RGB 模式，能够重现的色域也会因配置文件而异。

主要色彩模式

在 Photoshop 中，可以通过〔图像〕功能表的〔模式〕选项切换至其他色彩模式，除了荧幕显示用的 RGB 和适用于全彩印刷的 CMYK 之外，还包括灰阶、位图、Lab 色彩、索引色等其他模式。各模式的色域不尽相同，切换时会将新模式的色域套用至原本的色彩上，所以图像的色相也会出现差异，务必将差异控制在最低限度。

CMYK

借由 C（青）、M（洋红）、Y（黄）、K（黑）4 色重现色彩。供印刷用的完稿文件必须切换至此模式。

RGB

借由 R（红）、G（绿）、B（蓝）3 色重现色彩。网站设计等通过荧幕显示的图像，采用此模式。

灰阶

为单色图像的一种。一般是在 8 位元的范围内（256 阶），呈现白色到黑色之间的平滑色调渐层。

位图（黑白）

此模式也是单色图像的一种。由于仅以 1 位元来呈现，亦即只有 0 或 1（白或黑），所以没办法呈现复杂且平滑的渐层。

图像素材的加工程序

在制作印刷用图档的过程中，需要经过诸多图像处理作业，其中也包含尺寸调整、CMYK 模式切换以及修图作业等，倘若大部分的图像处理都是由设计师负责，对于该采取何种程序来进行，总是令人苦恼。虽然没有所谓的标准答案，不过，通常会从尺寸调整开始着手。此时，假如发现图档尺寸太小，请向文件提供者反馈问题，并讨论应对措施。转换至CMYK的步骤原则上应在修图完成后进行，然而，如果不习惯RGB模式下的操作方式，也可以在修图前先行切换模式。另外，想套用〔USM锐利化〕的锐化滤镜，务必在修图完成后再进行。最后，再以最适合的文件格式储存图像。

JPEG 存档注意事项

以 JPEG 格式储存图像时，有几点应特别留意。JPEG 图像格式的资料压缩比高，属于失真压缩（lossy compression），每次存档都会有细节流失，所以难免会造成画质下降。用 Photoshop 等软件储存文件的时候，请于 JPEG 选项中挑选压缩比。倘若"无论如何都必须以 JPEG 格式储存"，请降低压缩比，尽量维持画质。

何谓色彩配置文件？

如 DTP 般，图档若需要在作业环境各有不同的人员之间往来，请务必掌握彼此的作业环境。由于每个设备的显示色域皆有所差异，假如无法掌握各自的环境，就会导致无法确认何为正确状态的混乱，种种问题也可能随之产生。ICC 配置文件是定义装置色彩空间的信息，有助于让不同环境之间的配色和色彩管理得以顺利进行。Photoshop 等软件同样能将此 ICC 配置文件嵌入图像，进而统一各环境的工作色域。

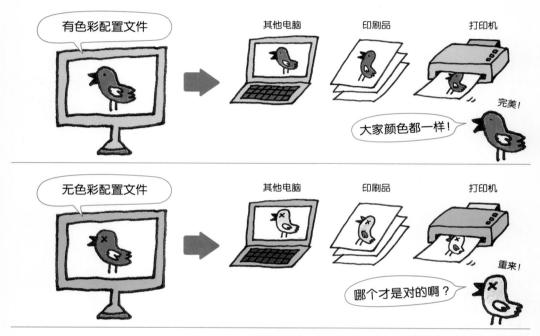

只要配置文件一致，几乎所有设备都能重现相同的色彩。倘若没有配置文件，又在不同的色彩空间作业，色彩就难以统一。

配置文件类型

在 DTP 使用的配置文件种类繁多，倘若采取由设计师负责转换至 CMYK 模式的工作流程，尤其必须事先向印刷公司确认印刷配置文件。此外，不仅能以设备本身的配置文件来统一工作色域，也可以采用已成为通用标准的标准配置文件，例如 RGB 中的 Adobe RGB 和 sRGB 等，以及 CMYK 的 Japan Color 和 JMPA Color 等。只要同是支持这些标准配置文件的设备，就能够重现同样的色彩空间。sRGB 多为消费型设备所采用，而 Adobe RGB 是色域较 sRGB 广的配置文件，适用于专业设备。Japan Color 和 JMPA Color 则都是为印刷标准化所制定的 CMYK 配置文件。

色彩配置文件的管理

只要在存档之前，先利用 Photoshop 等软件将配置文件嵌入图像，其他作业人员日后开启该图档时，就能立刻了解之前是在怎么样的工作色域进行处理的，因此十分有助于配色。在开启内含配置文件的图档时，可能因为该配置文件与用于设定色彩的"色彩管理系统"（color management system）相冲突而出现警告信息，此警告信息大致可分为两类。首先是〔配置文件不符〕，当所嵌入的配置文件与工作色域不一致时，就会显示此信息，请视情况更改嵌入配置文件的使用方式，或是变更工作色域，不可随便舍弃配置文件。而另一种常见警告提示是〔找不到配置文件〕，如遇到这种情形，需尽可能向之前的作业人员确认，找到指定的工作色域，务必避免在未厘清状况的情形下随意指定。

〔配置文件不符〕

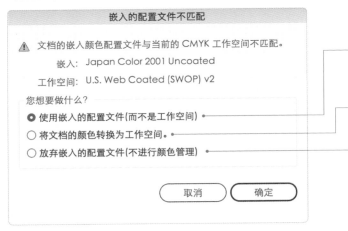

使用嵌入配置文件并开启图像。假如没必要特意更改配置文件，即可点选此选项。

欲变更配置文件而不使用嵌入配置文件时的选项。

在开启文件时舍弃配置文件的选项。套用此选项后，就无法再进行使用该配置文件的色彩管理。

〔找不到配置文件〕

在无配置文件状态下直接开启图像的选项。什么变更都不做，完全维持现状。

能够指定嵌入配置文件的选项。如果已得知正确的配置文件为何，即可从这里设定。

将使用中的配置文件嵌入文件的选项。假如之前采用的配置文件不同于目前使用中的配置文件，色彩就会出现改变。

绝对不可以胡乱指定工作色域喔！

③ 首先，学习应事先熟悉的 基本修图法

Photoshop 能够对图像进行各式各样的调整，例如明度、色彩等。"修图"可以让图像更加赏心悦目，对于印刷档的制作不可或缺。

调整明度及对比

以数码相机拍摄的 JPEG 图档等未经编辑的数码图像，很少能够直接用于印刷，通常都需要借助 Photoshop 来进行适当的修饰。数码图像明度（亮度）和对比度不足的情况尤其多见。然而，只是将其往反方向调整，并不足以打造出精美绝伦的画面。Photoshop 虽拥有〔亮度／对比度〕等简单便利的调整功能，但是，反倒是〔曲线〕和〔色阶〕运用起来特别容易。接下来，让我们先掌握这两个功能的使用方法吧！

 曲线

利用〔输入色阶〕（原始明暗度）和〔输出色阶〕（新的明暗度）的控制点，即可针对图像阴影（shadow）到亮部（highlight）之间的色调范围，进行精密调整。

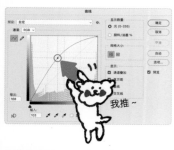

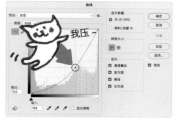

调整前为呈 45 度角的斜线。假如将直线中央部分往上推，整个图像都会变得明亮。

同样的，若将直线中央部分往下拉，整个图像都会变得阴暗。在多数情况下，调整时都不会动到直线的两端。

将直线上半段的中央部分往上推，下半段的中央部分往下拉，形成"S 曲线"，即可让图像的亮部更亮，阴影更暗。

控制点越往上调，色彩越亮。

控制点越往下调，色彩越暗。

S 曲线的明暗层次分明。

色阶

通过此功能，即可一面参考呈现像素分布状况的〔色阶分布图〕，一面调整阴影、中间调和亮部的明暗度。相同于〔曲线〕，〔色阶〕也能借由分开调整各色版来修正颜色。如需通过提升整体对比来增进层次感，只要将〔输入色阶〕两端的阴影和亮部滑块往中央移动，就能达到出色的效果。

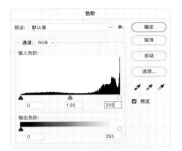

滑块向左移动
会变亮

滑块居中的
原始状态

原始图像

滑块向右移动
会变暗

变亮 ← → 变暗

便利的修图小技巧

图像锐化

此功能为〔USM 锐化〕滤镜，能够突显图像轮廓并锐化，借此打造出适合印刷的图像。〔USM 锐化〕可通过〔总量〕、〔半径〕和〔阈值〕来操控，对话框内有实际大小的预览窗格，可供确认滤镜效果。

去除碍眼或多余元素

选用仿制图章
工具

去除图像中多余元素的处理，通常称为"后期制作"。Photoshop 提供大量如〔仿制图章工具〕等便利功能。专业修图师也经常利用〔曲线〕的配色功能来处理。

④ 正片？负片？何谓4×5？ 传统相片的基础知识

尽管近年来以数码相机拍摄已成主流，但是以底片拍摄的相片至今仍十分活跃，尤其是在专业的工作现场。

底片和图像原稿的种类

数码相机刚推出的时候，其重现功能还远远比不上底片相机。然而，随着硬件功能的飞速进步，数码相机的画质也大幅提高，如今以数码摄影制作商业印刷品的情况已不在少数。不过尽管如此，底片特有的颗粒状仍然深受大众喜爱，底片相机的退役之日尚未到来。底片中，除了分成黑白与彩色，还有正片（positive）和负片（negative）之分。以往，日常用来记录生活点滴的多属于负片，而印刷品制作方面，至今仍是以能够从底片状态确认成品效果的正片为主流。

正片

反转显影（reversal development）专用的底片，拍摄物体与底片上看起来一样（正像），显色较负片佳。

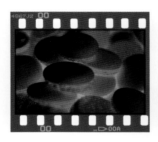

负片

底片上的明暗与拍摄物体相反（负像）。若是彩色底片，连同色彩也会反转。

反射原稿（reflection copy）与透射原稿（transparent copy）

反射原稿

包含将图像晒印至相纸的"纸本相片"在内，描绘于纸上的插图、杂志页面等借由光线反射成像的图稿，皆称为"反射原稿"。

透射原稿

正片和负片等使用透光材料的原稿，称为"透射原稿"。以往如想扫描"透射原稿"，必须使用底片专用扫描器或透射稿扫描组件（transparency unit），不过现在越来越多机种能直接扫描"透射原稿"。

扫描读入以用于排版

不论是哪种原稿，都是通过扫描来转换成数码资料。在以DTP为主流的现今，这项操作多由设计师负责。

反转片
（reversal film）

反转片是正片的别称。由于反转片的显影程序包含反转工序，因而得到此名称。

拷贝桌

能从底片背面（下方）透出光的平台，在确认正片上十分方便。又称为光桌或描图板，在复写原稿时是一大助力。

底片尺寸

根据相机大小，底片也有各种不同的尺寸。24mm×36mm的"35mm底片"（135底片）是家用相机最常用的尺寸。由于它是以35mm电影底片为基础，所以也有用以卷动底片的齿孔（perforation）。35mm底片共有12张、24张、36张等张数可供选择，并且为胶卷形式。除此之外，另有中片幅相机（medium format camera）使用的高60mm（宽度因相机种类而异）的"120底片"，以及大片幅相机（large format camera）使用的页式底片（sheet film），页式底片有多种，包含4×5、8×10等尺寸。

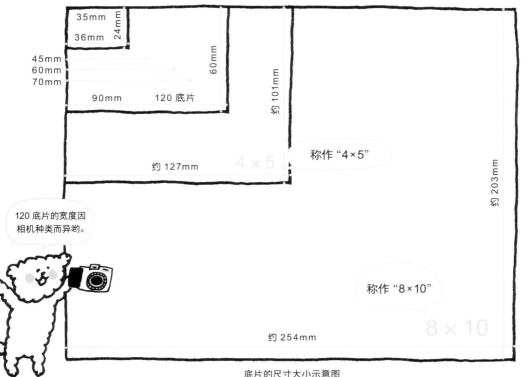

底片的尺寸大小示意图

⑤ 了解剪裁、去背景、出血······ 相片的处理方法

对于报纸、杂志的版面而言，相片是非常重要的视觉元素，必须视情况进行适当处理。
以下将介绍相片的配置方式及去背景等各式加工。

用于排版的相片类型

有别于在摄影展场展示的摄影作品，报纸、杂志页面的相片会因为空间分配而有诸多限制。报纸、杂志除了相片之外，还包括文字、插图等元素，而且开数固定。因此，图像很少会完全未经处理就刊载，通常都会借由裁切等方式改变尺寸大小。首先，需牢记其中具代表性的处理方式，并且视情况选用最合适的做法。

方形裁切和去背景

形状和拍摄时大致相同的基本矩形图像，效果简单稳重。

裁切成圆形的图像，效果介于方形剪裁和去背景之间。

沿着拍摄主体轮廓裁切的图像，能增添变化或使图像更显生动。

裁切（trimming）

使图像的矩形外框保持不变，并切除原始图像上下左右4个边的处理方式就称为"裁切"。有时候会只裁切单边，有时候则会裁切2个边以上。此手法可以用于调整图像长宽比例和尺寸，或用来突显拍摄主体。

文本绕排

文字绕着相片排列的版面配置就称为文本绕排。此手法能够使文字和相片之间产生整体感，同时也可以增添变化。

白底相片

以白色背景拍摄的相片在静物摄影中十分常见。虽然严格来讲并不同于去背景，不过由于背景会融入白色纸张，所以效果与去背景类似。

出血（bleed）

将图像配置于页面边缘就称为"出血"。印刷上为了防止套印失准的问题，会让印刷档四边比实际页面尺寸各多出 3mm。

方形裁切

跨页满版出血

单页满版出血

裁切诀窍和变化

原始图像

图像裁切的作用不局限于调整尺寸，它也能用于切除不需要的部分，进而使拍摄主体显得更加醒目。经过裁切后，图像内的元素必然会减少，留下来的部分也会因而获得特写效果。借由移动裁切的中心，即可改变拍摄主体在图像内的位置。

等比例裁切

特写要突显主题的裁切法

具清新感的留白裁切法

⑥ 直接交给印刷厂制版也没问题！
认识超级便利的 PDF

PDF 通常是应用在版面确认上，不过也可以当作印刷档格式。只要切实了解其特性，就能更灵活地加以运用。

PDF 是什么？

PDF 是文件格式的一种，由 Adobe Systems 公司所开发、发表，目前 ISO（国际标准化组织）也是以它作为电子文件的标准规格。PDF 是 "Portable Document Format"（可携式文件格式）的缩写，它支持字体嵌入，不会受到作业系统限制，无论在什么作业系统都能以同样的状态重现，因而为公开资料广泛采用。在 DTP 领域里，PDF 经常代替纸本样张在排版后用于订正和确认的文件。近年来，也开始出现以 PDF 当作最终印刷档格式的情形。

PDF 的各种应用

建立 PDF

由 Adobe 发行的 InDesign 和 Illustrator 等软件，皆能够将文件储存成 PDF 格式。

PDF 不受作业系统限制，在任何作业系统都能以同样的状态浏览。例如，在以 InDesign 原生格式交付排版文件的情况下，倘若对方的电脑未安装其中字体，设计就会走样而无法如实呈现；而若是支持内嵌字体的 PDF 格式文件，即使未安装相同的字体，也能够正确显示。

收送 PDF

用于确认图像和修正，也可当作软打样（soft proofing）。

客户和编辑

交付 PDF 完稿

最近越来越多人将 PDF 文件当作印刷档了。

在网上浏览

公开资料也多是 PDF 格式。

PDF 的浏览及编辑

现今，许多软件都能够浏览和编辑PDF，不过，最常见的还是由 Adobe Systems 发行的软件 "Adobe Reader" 及 "Adobe Acrobat"。"Adobe Reader" 能够免费下载，仅具备浏览与打印功能。门市出售的电脑也经常已内建 "Adobe Reader"，使用者可能在没有意识到的情况下就已经开始使用了。"Adobe Acrobat" 还拥有 PDF 编辑功能，而且提供标准版（Standard）和专业版（Pro）等多元选择，不同版本各有各的丰富功能。

Adobe Reader

可供免费下载的 PDF 阅读器。假如只是需要浏览 PDF，使用它就没有问题。倘若作为工作用途需要处理 DTP，则建议选用功能性更强的 Adobe Acrobat。

Adobe Acrobat

这是拥有丰富便利编辑功能的软件，例如，利用注释工具新增注解，以相同于校对纸本样张的做法，进行文件交换和沟通等，也经常应用在建立及确认 PDF 印刷稿上。

> Adobe Acrobat 虽然需付费购买，但它提供了丰富的便利功能哟！

PDF 在 DTP 的主要应用

PDF 在 DTP 上的主要用途，在于取代用以确认版面配置和内容的纸本样张。如此一来，不仅可以减少纸张浪费，也因为是数码文件所以不占空间，而且还能利用网络轻松地传送。通过 Acrobat 的注释功能，就连以红笔订正等处理都可以直接在画面上完成，因此有机会实现无纸环境。除此之外，PDF 文件也可以当作印刷完稿来使用。不过，虽然采用 PDF/X-1a 等标准格式的情况很多，但是作业环境还需视印刷公司情况而定，务必于事前与对方商谈及确认。

> 以无纸环境为目标！
>
> 使用注释功能就能简单地标注订正内容哟！

若能借由 Acrobat 的注释功能构建彻底无纸化的校对流程，那是最理想的状态。然而从现状来看，大多还是会在收到 PDF 后将之打印出来，接着标注校对内容，然后再扫描成数码文件回寄，或者是以传真的方式回复等。

在 PDF 中嵌入字体

PDF 在 DTP 上最大的优势就是能够嵌入字体。自 Acrobat 4（PDF1.3）开始，连同 2 位元组的字体都能够嵌入，所以体裁不会因电脑字体的安装状态而改变，也不会发生乱码的情况。然而需要注意的是，所采用的字体必须具备能够嵌入 PDF 的授权。

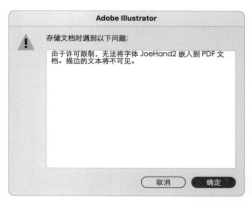

假如使用的是不支持 PDF 嵌入的字体，就会出现这样的警告信息。

PDF 的导出与规格

现今形形色色的应用软件都支持 PDF 文件的导出，除了 DTP 必备的 InDesign、Illustrator、Photoshop 软件之外，连同 Microsoft 的 Office 产品，以及作业系统的预设功能等皆有支持。然而并非名字里有 "PDF" 的就一定是 "相同规格" "相同版本"，它们的版本质量也会大相径庭，可谓良莠不齐。即使以同版本的 InDesign 将同样的文件导出成 PDF 格式，也会因为导出设定的不同而有多种不同形式。

左图是 InDesign 导出 PDF（打印）档的设定对话框，其中有非常详细的设定项目。除此之外，还有多种预设可供选用，例如根据用途区分的 "最小文件大小" "印刷质量"，以及遵循 ISO 标准的 "PDF/X-1a" 等。

从 InDesign 导出成 PDF 的主要预设介绍

〔最小文件大小〕
想减小文件大小就选它！
适用于网页和电子邮件
附件。画质并不好哦！

〔印刷质量〕
若是一般校对用途，
选它准没错！

〔PDF/X-1a〕
作为印刷稿的 PDF 文件
就是采用此规格哟！

咔嚓

图像相关扩展名列表

数码图像有非常多的格式。我们将其中最常见的整理成一览表，并介绍各格式的特征。

有备无患的扩展名知识

只要拥有之前章节介绍过的 Photoshop 等知识，应该就已经足以应付 DTP 的实际作业。然而，我们无从得知文件提供者会采用何种格式，所以多了解一些文件格式更安心。

在Windows中，文件没有扩展名就无法开启，要注意哟！

提醒一下……

扩展名	说明
.eps	"encapsulated postscript" 的缩写，意指经过压缩的 postscript 格式。在 PSD 格式和 AI 格式等原生文件成为主流之前，EPS 格式一直是 DTP 制作过程中的主要图像格式。
.jpeg .jpg	由于压缩比率高，能够减小文件大小，所以广泛运用在数码相机拍摄的图像和网页图像上。其通常为失真压缩，所以画质会随着反复存档而降低，需特别注意。
.bmp	微软公司开发的 Windows 标准图像格式之一，支持 1 位、4 位、8 位、24 位色。它不能和"矢量图"的"位图"相提并论，它仅是其中一种格式，需注意不要混淆。
.tiff .tif	"标记图像文件格式"（tag image file format）的缩写。使用广泛，为多数软件和数码相机支持的图像格式之一，而且有多种压缩方法，包含无压缩、LZW、ZIP、JPEG等。
.pct	苹果公司之 "QuickDraw" 的标准图像格式，曾经为 Mac 广泛使用。不过，由于现今的 Mac 也开始采用以 PDF 为基础的绘图方式，已经不如以前常见。
.png	"便携式网络图形"（portable network graphics）的缩写。其文件大小和呈现效果之间的平衡良好，经常运用在网页上。
.pdf	PDF 为众多软件所支持，由于也可以使用 InDesign 进行排版等作业，所以经常被当成"图像格式"使用。有些版本还具备透明功能等，是非常好用的格式。
.psd	Photoshop 的原生格式，它与作为标准图像软件的 Photoshop 亲和性佳，而且能够在保持图层等功能的情况下进行版面配置，成为 DTP 图像格式标准。
.gif	它与 JPEG 和 PNG 都经常应用在网页上。它属于仅能支持 256 色的无失真压缩格式，所以不适用于相片，不过却极适合用在图示和简单的插图等。

多页印刷品的制作

从书籍和杂志的组成元素和名称，乃至校对符号等，让我们一起牢记页面设计的必备知识！

首先要牢记的知识：
书籍的构成元素及其名称

书籍除了内页以外，还包括书名页、书封、书衣等多种元素。此外，书本构造也会因装订种类不同而改变，设计时需注意的重点也不一样。

构成书籍的各部位名称

观察手边的书籍，会发现样式包罗万象喔。

〔书沟〕
这是特地在书封压制的沟槽，好让精装本更容易翻开。位于书背和书封之间。

〔书角〕
书封的角。有时候，为了避免损伤，也会利用纸或皮革来加工，借此保护书角。

〔书背〕
顾名思义是指书的背部。根据装订种类分为"圆背"及"方背"。

〔书根（下切口）〕
书本的下缘。

〔飘口〕
当书封比书芯大的时候，所超出的部分即称为飘口，通常为3mm。

〔书签绳〕
粘贴在书背内侧的布绳，通常出现在精装本。

〔书芯〕
书刊的内在部分，包含内文全部书页。

〔书头布〕
粘贴于书芯和书背之间的布，兼具补强功能和装饰作用。平装本的书首、书根和书口的书封与书芯切齐，所以不粘贴书头布。

〔书首（上切口）〕
书籍的上缘。多数书籍的书首会切齐，不过也有部分书籍未切齐。

〔护封〕
包在书封外面的表皮，等同书本的门面。为了增加耐用度，通常会进行表面加工。

〔书口〕
广义上，连同书首、书根都包含在内，不过通常是指翻书侧。

〔书腰〕
高度较书衣矮，用于印制大纲、宣传用语等，亦称作腰封。

〔装订线〕
书籍装订的部分。书籍的装订方式和书背形状会影响其展开幅度。

〔环衬〕
联结书封和书芯之间的纸，兼具装饰功能。

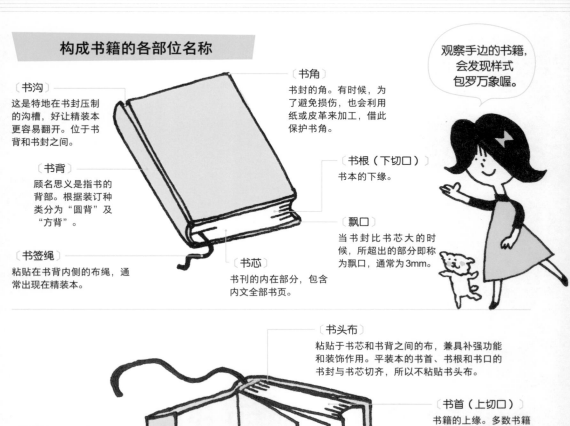

书籍的组成和顺序

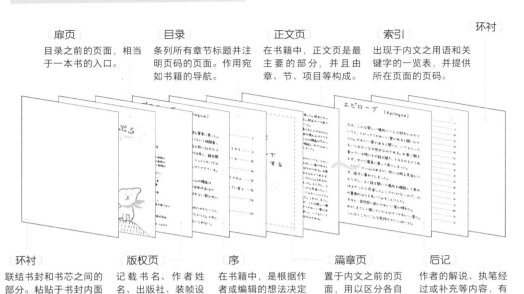

（扉页）
目录之前的页面，相当于一本书的入口。

（目录）
条列所有章节标题并注明页码的页面。作用宛如书籍的导航。

（正文页）
在书籍中，正文页是最主要的部分，并且由章、节、项目等构成。

（索引）
出现于内文之用语和关键字的一览表，并提供所在页面的页码。

（环衬）

（环衬）
联结书封和书芯之间的部分。粘贴于书封内面的称为"环衬"。

（版权页）
记载书名、作者姓名、出版社、装帧设计者、印刷厂、定价等书籍相关信息。

（序）
在书籍中，是根据作者或编辑的想法决定是否包含此部分，有时会予以省略。

（篇章页）
置于内文之前的页面，用以区分各自独立的篇章。

（后记）
作者的解说、执笔经过或补充等内容，有时会予以省略。

版面结构和组成

（页码）
标示页面编号的位置。原则上每页都有，但是书名页等页面可能会省略。

（书眉）
用以提供书名或章节标题的部分。可能位于天头，也可能在地脚。

（版心）
配置内文和图片的主要区域。书眉和页码不包含在内。

（相片、图片、插图）
用以提供内文辅助说明的图。有时会配合内容配置于页面中央。

（图注）
图片的说明文字。原则上会和图片一起出现。

装订种类

书本装订的步骤是先将内页部分的书帖（亦称"台"，signature）整理配页，再进行胶装，然后包上书封。其中，若采用的是比书芯大一圈且内含厚纸板的特制书封，就称为"硬皮精装"，裱褙材质可能是纸也可能是布。书封没有包厚纸板，而是直接向内折的"软皮精装"等，同样属于精装本的一种。此外，若是先以书封包覆书芯，再裁切书首、书根、书口等3边，即属于"平装"。

精装本

通常会用在典藏版书籍、摄影集或美术书籍。

平装本

平装本是市面上最为常见的装订方式。

法式装订、软皮精装与勒口

法式装订是仅在书芯外加上书封的装订法，且属于毛边本，书首、书根和书口皆未裁切，原本是供爱书人自行设计装帧，阅读时需要用拆信刀将每页分开。书芯经过裁切，且折书口部分有上胶固定的装订方式，则称为"软皮精装"。除此之外，还有名为"勒口"的装订方式，亦即以书封包覆书芯，并将书封书口端向内折的平装本。

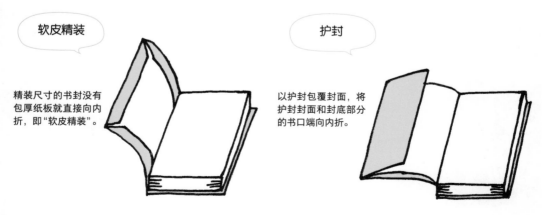

软皮精装

精装尺寸的书封没有包厚纸板就直接向内折，即"软皮精装"。

护封

以护封包覆封面，将护封封面和封底部分的书口端向内折。

精装本的书背加工种类

除了软皮精装及精装书衣之外，精装本还有几种不同的书背加工方式。

 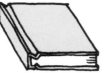

方背

方形书背。结构较坚固耐用，但不适合页数多的书籍。

方背压沟

方背的一种，为了使书封更容易翻开，于书封和书背之间压制沟槽。

圆背

为了使内文页面容易翻阅，书背部分不包厚纸板的装订方法。

圆背压沟

书背与圆背一样具备柔软性，并且于书封和书背之间压制沟槽。

法式装订

介于精装本和平装本之间的装订种类。书封与封底贴有厚纸板，且书背为另外包覆。

书籍如何装订？

一大张纸在印上数页内容并经过折叠后，即成为"书帖"。将书帖集结起来并装订后，即是一本书。装订方式包括"锁线胶装""无线胶装""破脊胶装""平钉"和"骑马钉"等，各个方式的展开角度和耐用程度皆有所不同，内文页数也会影响装订方式的选择。锁线胶装和平钉不仅耐久，也适合页数多的书；骑马钉则适用于需要摊平页面的杂志等。

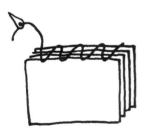

锁线胶装

将书帖全数穿线缝制在一起的方法。

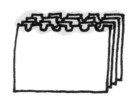

破脊胶装

将书帖背侧切出凹槽，再利用胶水黏着的方法。耐久性佳。

无线胶装

在书帖背侧打上切口，再利用胶水黏着的方法。

平钉

以铁丝穿订所有书帖的方法，耐久性为第一优先时的最佳装订方式。

骑马钉

以书帖侧朝同一方向叠合成册，再利用铁丝穿订。经常用于偏薄的杂志。

装订方式不同，展开角度也不同喔。详情参见第 99 页。

② 认识杂志的组成元素及其名称

杂志是定期发行的刊物，每期都会沿袭版型相同的设计。杂志与书籍乍看类似，其实不然，一起来了解杂志特有的元素及其名称吧！

杂志的组成元素

杂志的书封上，除了杂志名称和形象照或图片之外，通常也会写上特辑和连载单元的标题。另外，假如是月刊、双月刊和季刊等定期发行的杂志，还会在封面标记发行年月，并于封底注明发行商和经销商。内页里，各单元第一页的作用如同书籍的篇章页，内容通常有图片、单元标题、引言、采访者和摄影师姓名等。报道部分则必须包含中标、小标、内文、相片及引言。除此之外，还需要视图片情况决定是否应当注明出处和著作权所有人。原则上，所有页面都有页码和书眉，仅广告例外。

书封元素

[特辑标题]
以杂志名称精心设计而成的 LOGO，每期的位置固定。

[卷号、期号]
创刊至今的卷号，或是期号。

[杂志编码、条码]
销售时需要的条码印于封底。

[发行信息]
记载发行日、月刊和双月刊等的发行频率、卷号和期号等信息。由于是不显眼也不要紧的内容，所以字通常非常小。

[杂志副标]
以简短文字传达杂志内容和概念的宣传语。每期都会伴随杂志名称一起出现，通常是固定的语句。

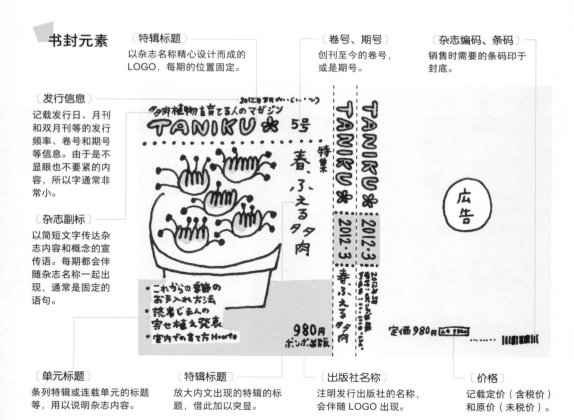

[单元标题]
条列特辑或连载单元的标题等，用以说明杂志内容。

[特辑标题]
放大内文出现的特辑的标题，借此加以突显。

[出版社名称]
注明发行出版社的名称，会伴随 LOGO 出现。

[价格]
记载定价（含税价）和原价（未税价）。

内页元素

栏
版心是版面设计的基础，而栏即是构成版心的元素。杂志以 3 ~ 5 栏最为常见。

装订线
位于左右两页中央的装订部分。若选用页面展开角度小的装订方式，装订线必须保留足够多的留白。

大标题
用以表示报道开始的文字，因此会采用最大级数的字体。

书眉
以偏小字体列出杂志名称或特辑标题等。

索引标签
用以标注特辑名称或标题，借此提供索引功能。

图注
图片和相片随附的说明文字。文字尺寸小于内文，约在 9Q 左右。

书口
除装订线之外需裁切的 3 边，不过通常是指左右两端。

页码
页面的编号。

图片
插图、地图、说明图，以及表格等皆包含在内。

引言
报道内容的大纲，或是内文所要传达信息的开场白。

内文
报道的文章部分，所选字体要做到即使字数多也不会影响阅读感受。

小标题
概括内文的短句，可以用于表达内容，或是发挥强调作用。

无论如何陈列都是容易找到的设计最棒！

书店常见的杂志陈列方式

平放

将刚发行的杂志摆放于"平台"。通常，书店倾向于让册数众多或想促销的杂志摆在较前方。

封面展示

距离发行日有一小段时间的杂志，会移到能够展示封面的专用书架重叠排列。排列时，需让读者得以确认杂志名称和封面相片。

书背展示

在下一期发行之前，剩下的杂志会移至仅能看见书背的书架。此外，有时也会放置在过期杂志区。

③ A版、B版、四六版、菊版……
包罗万象的书刊大小和纸张规格

陈列于书店的书籍和杂志大部分都是依循特定尺寸规格所制成。本单元将介绍纸张标准尺寸、全纸尺寸，以及主要的印刷媒体尺寸。

印刷媒体尺寸和纸张大小

制作印刷品时，版面尺寸十分重要。一旦版面的开数改变，印刷用的纸张大小（全纸尺寸见右下角说明）也会改变，连带会影响到成本。纸张大小的标准已行之有年，共分为A版、B版等尺寸。A版中最大的是A0，B版最大的则是B0，各尺寸长边的一半，就是下个尺寸的短边长度，以此类推。杂志大小主要是A4或A4的变形。除了A版、B版之外，还有名为四六版和菊版的纸张尺寸，大多为书籍所用。

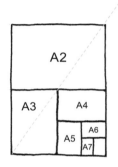
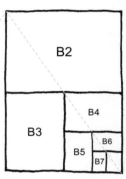

A版、B版（JIS）的尺寸

规格	尺寸（mm）	规格	尺寸（mm）
A0	841×1,189	B0	1,030×1,456
A1	594×841	B1	728×1,030
A2	420×594	B2	515×728
A3	297×420	B3	364×515
A4	210×297	B4	257×364
A5	148×210	B5	182×257
A6	105×148	B6	128×182
A7	74×105	B7	91×128
A8	52×74	B8	64×91
A9	37×52	B9	45×64
A10	26×37	B10	32×45
A11	18×26	B11	22×32
A12	13×18	B12	16×22

全纸尺寸

规格	尺寸（mm）
A版	625×880
B版	765×1,085
四六版	788×1,091
菊版	636×939
牛皮纸版	900×1,200
AB版	880×1,085

顺带一提……

什么是全纸尺寸？

在纸张尺寸中，JIS制定的规格分为两种，其一为A4、B5等裁切完成的尺寸，其二为裁切后尺寸加上印刷机咬口和裁切线外留白的全纸尺寸。

印刷媒体的尺寸比较

主要媒体	尺寸（mm）
A6（文库版）	105×148
新书版	103×182
A5	148×210
B5	182×257
AB	210×257
A4	210×297
小报	273×406
大报	406×546

一般来说，印刷媒体中尺寸最大的是称为"大报"的报纸尺寸，接下来依序是略小于大报的"小报"、杂志经常使用的 A4 及 A5、多为书籍采用的四六版和菊版，以及文库版使用的 A6 等。

印刷媒体规格和全纸可供印出的页数

规格	尺寸（mm）	适用于印刷全纸	纸张的丝向（grain）	1 张全纸可供印出的页数（1 台的页数）	经常使用的媒体
A4	210×297	A 版、菊版	横丝纸	16	月刊
A5	148×210	A 版、菊版	纵丝纸	32	教科书
A6	105×148	A 版、四六版	横丝纸	64	文库本
B5	182×257	B 版、四六版	纵丝纸	32	周刊
B6	128×182	B 版、四六版	横丝纸	64	单行本
B7	91×128	B 版、四六版	纵丝纸	128	笔记本
四六版	127×188	四六版	横丝纸	64	单行本
菊版	152×218	菊版	纵丝纸	32	单行本
AB 版	210×257	AB 版	纵丝纸	32	女性杂志
新书版	103×182	B 版	横丝纸	80	新书

* 文库本：指日本出版界中易于收藏与携带的小型书籍。
* 菊版和四六版共有两种尺寸，请多加留意。

④ 装帧设计的必要元素
以及各部分的尺寸细节

书籍的装帧极为重要，目的在于呈现书籍内容，借此吸引书店读者的目光。装帧必须配合装订方式来设计书封、书背、护封等。

装帧究竟是什么？

装帧设计包含书封、书背、护封必备的书名、作者、出版社、售价等元素，并且挑选适合的图片和字体，用以将书籍内容传达给读者。除了挑选能直接传达书籍内容的图片之外，有时也会只使用能够引发联想的图样、纹路，或是仅以文字构成。内页设计大多会采用 InDesign 来制作，而装帧由于在文件大小上比较不受限制，所以一般会使用 Illustrator。

护封各部位的名称

护封包覆于书封外层，其组成元素包含正面的"封面"，放置于书架上仍能辨识书名和作者的"书背"、注明价格和 ISBN 编码等信息的"封底"，以及为了避免书衣松脱的"勒口"。勒口的宽度并没有相关规定，但是太窄容易松脱，太宽又会增加纸张费用，甚至会发生机器无法组装的情形。

〔勒口〕

护封向内折以包覆书封的部分，有时会出现大纲或作者简介等。

〔封面〕

封面上包含用以传达书籍形象的图片、书名、作者、出版社等信息，陈列于书店时，可以说是给读者留下第一印象的门面。

〔勒口线〕

书封和书腰的各部位名称

书籍的书封是由封面、封底和书背所构成，同时也是精装本及平装本在取下书衣后看到的部分。若是以勒口的方式装订，护封和书封就会合二为一。精装本有时会在书背和书封之间压制书沟。

[封面] [书背] [封底]

精装本的书封是否加上书沟等装饰，取决于许多因素，例如书封和书芯大小的差距（亦即飘口），以及书背厚度和装订方式等。

书腰通常以文字为主体，例如宣传用语、推荐文和大纲等。

[勒口] [封面] [书背] [封底] [勒口]

[出版社、定价]
大多会标注在 ISBN 编码附近。

ISBN 978-4-7562-4230-3
C3070 ¥1900E
发売元 ポポン出版
定価（本体 1,900 円＋税）

[出血线]
于裁切印刷品时，避免失准所保留的安全边距。与杂志和书籍的内页相同，书封的出血线也是留 3mm。

[书籍条码]
国际标准书号（简称 ISBN）的条码，以及记录图书分类及价格等信息的条形码，并配置成上下两层。中国仅放 ISBN 编码。

[书背]
书背上注明书名、作者、出版社等信息，即使是以书背朝外的方式陈列于书店，依然能看到图书信息。

[封底]
除了 ISBN 编码和规定的留白区域以外，封底可以自由设计，不论是使用延伸自封面的图案还是全白都可以。

[中央十字线] [勒口]

装帧的尺寸

　　书封、护封、书腰的宽度与高度，基本上略大于内页。至于大多少，取决于书背厚度及装订方法。以下是各部位的尺寸介绍。

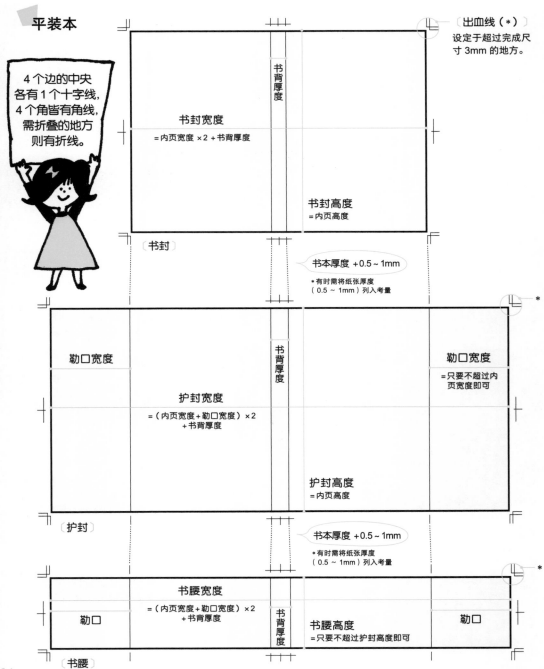

平装本

〔出血线（＊）〕
设定于超过完成尺寸 3mm 的地方。

4 个边的中央各有 1 个十字线，4 个角皆有角线，需折叠的地方则有折线。

书背厚度

书封宽度
＝内页宽度 ×2 ＋书背厚度

书封高度
＝内页高度

〔书封〕

书本厚度 ＋0.5～1mm
＊有时需将纸张厚度（0.5～1mm）列入考量

＊

勒口宽度

书背厚度

勒口宽度
＝只要不超过内页宽度即可

护封宽度
＝（内页宽度＋勒口宽度）×2
＋书背厚度

护封高度
＝内页高度

〔护封〕

书本厚度 ＋0.5～1mm
＊有时需将纸张厚度（0.5～1mm）列入考量

＊

书腰宽度
＝（内页宽度＋勒口宽度）×2
＋书背厚度

勒口

书背厚度

书腰高度
＝只要不超过护封高度即可

勒口

〔书腰〕

如何找出合适的书背厚度？

如需找出合适的书背厚度，可以请印刷公司以确定的纸张和装订方式，提供空白的装帧假书（dummy），直接测量。

精装本

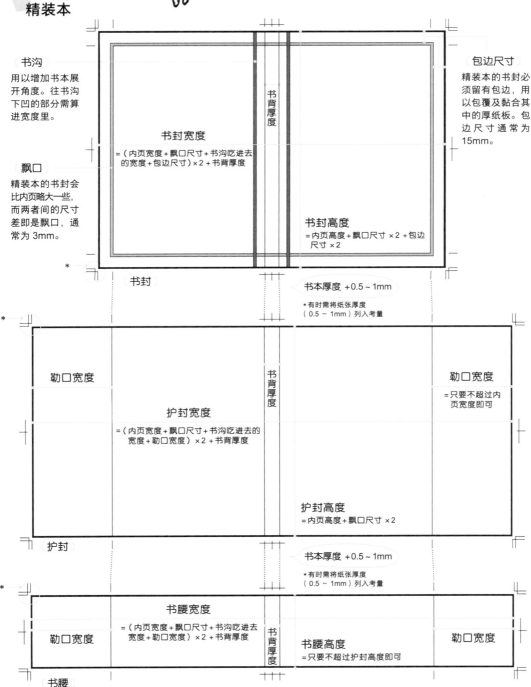

书沟
用以增加书本展开角度。往书沟下凹的部分需算进宽度里。

飘口
精装本的书封会比内页略大一些，而两者间的尺寸差即是飘口，通常为 3mm。

书封宽度
=（内页宽度+飘口尺寸+书沟吃进去的宽度+包边尺寸）×2+书背厚度

书背厚度

包边尺寸
精装本的书封必须留有包边，用以包覆及黏合其中的厚纸板。包边尺寸通常为 15mm。

书封高度
=内页高度+飘口尺寸 ×2+包边尺寸 ×2

书封

书本厚度 +0.5~1mm

* 有时需将纸张厚度（0.5~1mm）列入考量

勒口宽度

书背厚度

勒口宽度
=只要不超过内页宽度即可

护封宽度
=（内页宽度+飘口尺寸+书沟吃进去的宽度+勒口宽度）×2+书背厚度

护封高度
=内页高度+飘口尺寸 ×2

护封

书本厚度 +0.5~1mm

* 有时需将纸张厚度（0.5~1mm）列入考量

书腰宽度
=（内页宽度+飘口尺寸+书沟吃进去宽度+勒口宽度）×2+书背厚度

勒口宽度

书背厚度

书腰高度
=只要不超过护封高度即可

勒口宽度

书腰

⑤ 设计完稿时一定要设定的裁切线和出血线

印刷品在印刷过后，需要经过裁切才会变成成品的尺寸，而裁切线（裁切标记）即是标示裁切位置的记号。一般而言，裁切线标示在超过完成尺寸 3mm 的位置，该距离同时也是避免裁切失准的安全边距。

为什么需要裁切线？

印刷时，纸张远比 A3 或 A4 等一般尺寸大得多，然后再通过印刷机在其上印制多页图文，并且裁切成指定尺寸。此时，用以指示裁切位置的就是裁切线，共分为位于角落的角线和位于各边中央的中央十字线等两种。通常会采用双角线，同时标示完成尺寸及裁切时的安全边距。通常，此安全边距的尺寸为 3mm，上下左右皆有。对于杂志和广告单等会将相片填满整个版面，或是底色填满整个背面等情形，就必须增加安全边距的范围。如此一来，即使裁切时纸张略未对齐，也不会出现白边。

印刷品的裁切线
不可或缺！
一定要记住喔！

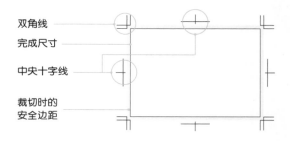

双角线
完成尺寸
中央十字线
裁切时的安全边距

Illustrator 的裁切线标示方法

Illustrator 根据版本不同，标示裁切线的方法也不同。若在打印设定内的〔标记和出血〕勾选〔裁切标记〕，输出时也会印出裁切线。然而，那只会显示在输出的纸张上，并不会显示于实际作业中的工作区域。如需在工作区域中显示裁切线，各版本的操作方式如下，且皆是先点选设定为完成尺寸的对象后，再进行操作。此外，CS4 以后的版本，只要在新增文件时设定出血，即可于工作区域显示安全边距，不过不会出现裁切线。

Illustrator 8 – CS3
滤镜 ➡ 建立 ➡ 裁切标记

CS4
效果 ➡ 裁切标记

CS5 – CC 2017
效果 ➡ 裁切标记　或者
对象 ➡ 创建裁切标记

* 【CS4 – CC 2017】通过〔效果〕→〔裁切标记〕所建立的裁切标记无法简单地选取或变更。倘若需要变更，请通过〔对象〕→〔扩充外观〕进行操作。

InDesign 的裁切线标示方法

InDesign 不会在文件内设定裁切线，只能在建立文件时，预先设定好出血尺寸。倘若必须设定裁切线，导出成 PDF 就可以设定。

在导出 PDF 的设定对话框指定裁切标记。

条形码的规则

使用在杂志和书籍的条形码，不论是尺寸、上下左右的留白或字体最小尺寸等，皆有必须遵守的规则，借此确保扫描时能够正确读取。有时候条形码是由印刷厂提供和配置至版面的，若是这种情况，制作印刷完稿时会先空着，之后再请印刷厂放上正式条形码。

书籍
（左翻书）

书籍必须有表示 ISBN 编码、国家、类别和价格等共 13 码的图书码。日本会再放上与其相对应的条码（JAN 码）。

若是书籍，需距离书首 10mm 以上、书背 12mm 以上。

ISBN 编码需以 11Q 以上的半形文字注明。

5mm 以上的留白

10mm 以上的留白

〔书背〕

9784756242303

ISBN 978-4-7562-4230-3

C3070 ¥1900E

5mm 以上的留白

1923070019002

定价 本体1900円+税

5mm 以上的留白
（杂志书等需距离书根 5mm 以上）

价格的税额需另记

杂志
（左翻书）

5mm 以上的留白

1mm 以上的留白

15mm 以上的留白

〔广告〕

杂志 12345-01

1234123450124
00980

〔书背〕

* 若是右翻书，此处需有 15mm 以上的留白。

书根可以没有留白

1mm 以上的留白

〔广告〕

左右空间不足时就这么做吧！

杂志 12345-01

1234123450124
00980

〔书背〕

20mm 以上的留白

譬如开数偏小的情况！

⑥ 了解版型设计中最重要的版心配置

杂志和书籍的易读性和观感，会因为版面配置和周围的白边大小而大相径庭，而重点就在版心设计上。

何谓版心

版心是在杂志和书籍的页面内，用以配置内文和图片的主要部分。页面给人的感觉和是否容易阅读，都会随着版心的设计形式而改变。天头、地脚、内边、外边的范围皆大，整体会显得空间较宽裕。倘若扩大版心范围而使四周白边缩小，版面信息量庞大，则可能会造成阅读困难，需把握好两者之间的平衡。另外，版心相对于页面的位置同样会影响阅读印象和易读性。

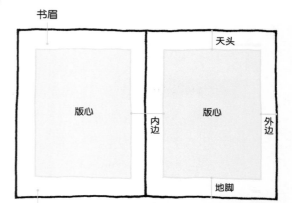

页面尺寸扣除天头、地脚、内边及外边，所剩下的部分即是版心，书眉和页码不包含在内。

版心之于页面的位置变化

地脚范围大

天头范围大

天头和地脚相校，通常地脚会略大于天头，不过，有时候也会将页码和书眉移至版心上方，并使地脚小于天头。

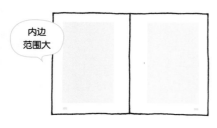

内边范围大

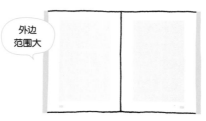

外边范围大

内边和外边相校，由于装订的关系，一般内边会较大。然而，倘若外边印有索引标签或色带，外边就会较大。

出血

当图片范围超出版心且贴齐页面边缘时，也需要设定出血。这种情况下，图片需延伸至页面以外3mm。

周空

版心周围的空白即称为白边。尽管并非硬性规定，不过一般在设计上，白边的大小顺序是：内边 < 天头 < 外边 < 地脚。

装订方式与内边的关系

即使版心大小相同，只要装订方式不同，内边大小就必须随之调整。例如，以骑马钉的方式装订时，各书帖之间仅有一处重叠，页面得以摊平，因此即使内边稍微窄一点，也不至于影响阅读。若是无线胶装和破脊胶装等书帖层层相叠，并以胶水胶合书背，这种方式由于摊展幅度受限，所以内边需预留宽一点。而将书帖层层相叠，并用铁丝装订的平钉法，尽管坚固耐用，但是完全无法大幅度展开，因此应当增加版面内边的尺寸。

〖骑马钉〗

页面能够摊平，所以即使内边稍微窄一点，也不至于影响阅读。

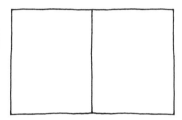

内边窄一点也不要紧！

〖无线胶装、破脊胶装〗

采用常见于杂志和书籍的无线胶装及破脊胶装时，内边通常会略宽。

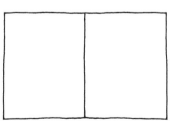

内边要稍微宽一点哟！

〖平钉〗

平钉在增加装订强度的同时，也会使展开幅度缩小，所以需增加内边尺寸。

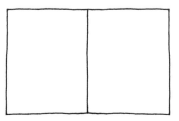

内边务必留多空间喔！

分栏的作用

内文在版心中的配置方式，会因为页面大小和信息量多寡等众多因素而改变。对于文字量庞大如小说的书籍，大多会选择行长占满版心的单栏配置，或是分成上下两层的双栏配置，而开数大的杂志等，则会缩短行长，并以采用 4 栏或 5 栏的设计为主流。各开数适合的栏数差不多都已经固定，倘若在小开数套用多栏配置，或在大开数套用单栏配置，都会造成视线移动过多，进而导致跳行阅读等问题。

竖式排版

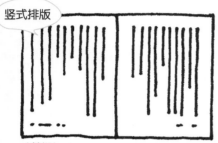

〔单栏〕
此为书籍最常见的配置，不过，虽然适合阅读长文，却不适合开数大的书。

〔双栏〕
开数略大的书籍经常使用此配置，单一页面可容纳大量文字。

〔3 ～ 4 栏〕
开数略小的杂志经常使用此配置，能够取得字数和图片之间的良好平衡。

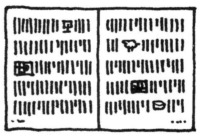

〔5 ～ 6 栏〕
开数大的杂志和百科全书等适合 5 栏以上的配置，借此提升易读性。

横式排版

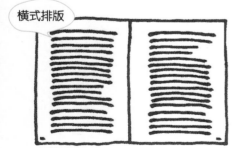

〔单栏〕
在横式排版的情况下，栏数最多只有 4 栏左右。单栏配置适合小开数的页面。

〔双栏〕
适合约 A4 大小的书籍和杂志。采用横式排版时，使每行字数少于竖式排版，阅读起来较容易。

视图片和文字量来决定所采用的栏数。

版型的用途

版型的作用除了设定用以配置内文的栏数之外，也肩负参考线的功能，使图片等元素能够以栏为基准来配置。在配置大标题和图片时，只要遵守以栏作为基础的版型，即可让整本书的排版呈现统一感。大标题和图片能以 1 栏为单位来更改大小，譬如 2 栏宽、3 栏高等，借此在尺寸上做出变化，而在利用大标题和图片装饰版心、装订位边侧和书口侧时，也可以将栏当作配置位置的基准。若想借由改变报道大标题来为页面动线增添变化，只要有基本版型可供依循，就能保持页面的易读性，而这也是版型的用途。不仅如此，即使是乍见之下仿佛自由发挥的版面，也必定有某部分内容遵循着版型的内在规律。

基本版型

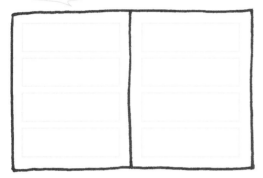

设定版心和分栏，制定出基本版型。然后再于其中规划大标题、引言和中小标题的位置。

令主要图片占据大空间，并将大标题配置在最下方的栏里，内文则完整使用 4 栏。

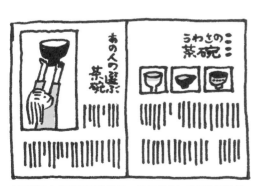

上两栏供大标题和图片使用，并且借由加重部分图片比例等方法，改变图片的呈现方式。

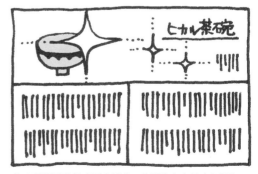

将 4 栏版型分割成两大部分，分别为上方的大标题和图片，以及下方的内文，令整体形象更加与众不同。

有了版型，版面的整体感就自然而然形成了！

⑦ 利用 InDesign 制作版型

若是以 InDesign 制作版型，需使用主版页面来设定各种元素。本单元将介绍设定版型的步骤。

版心和分栏的调整要素

一旦决定了内文的文字大小、行距及栏数，版心的尺寸也随之浮现。以竖式排版为例，版心的宽度即为行数减 1 再乘以行距，再加上内文的文字大小（级数）。高度方面，在采用单栏密排的情况下，高度就是内文文字大小（级数）乘以单行字数；假如栏数不只 1 栏，则是单行字数乘以栏数，再加上栏间距乘以栏间数的值。然而，若是等距紧排（压缩 1 齿），计算就需采用其他算法。以前，杂志等的内文字距有时也会设定为等距紧排（压缩 1 齿），不过现在已完全偏离主流。在现今的排版软件当中，只要设定文字大小、行距、行数等信息，不需费心计算版心大小，依旧能够建立版面。

页面版心的大小变化

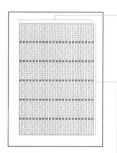

* 横式排版只要将竖式排版的高度和宽度算法对调即可。

【版心宽度的计算方法】

$$行距 × （行数 - 1） + 文字大小$$

将总行数减 1 的用意是为了把最后一行排除于计算之外。

〔例〕以行距 20 齿、共 23 行、12Q 为例
$$（20 × 0.25） × （23 - 1） + （12 × 0.25） = 113mm$$

文字大小 + 行距 × （行数 - 1） = 113mm

文字大小 3mm
行距 5mm

要以 1 齿、1Q = 0.25mm 来换算哟！

以图解说明就是这样。

【版心高度的计算方法】

在单栏配置的情况下，密排是内文文字大小乘以单行字数；等距紧排的文字大小则需先扣除字间压缩量。

● 密排（单栏配置）
$$文字大小 × 单行字数$$

● 等距紧排（单栏配置）
$$（文字大小 - 字间压缩量）× （单行字数 - 1） + 文字大小$$

● 密排（两栏以上）$$文字大小 × 单行字数 × 栏数 + 栏间距 × 栏间数$$

在 InDesign 建立版型

在利用InDesign制作书籍或杂志的版面时，共有两种方法可供使用，第一种是在新建文件时，指定〔版面网格〕，另一种是在同一画面指定〔边距和分栏〕。如需指定版面网格，请在〔新建文档〕对话框点选〔版面网格对话框〕，并设定内文字体大小、字距、行间（行空格）、行数及网格起点等，用以建立网格；若想指定边距和分栏数，请点选〔边距和分栏〕，并指定天头（上）、地脚（下）、内边（内）、外边（外）的大小，借此建立参考线。以上圆括号内文字为InDesign中文版界面用语。

建立新文档的方法

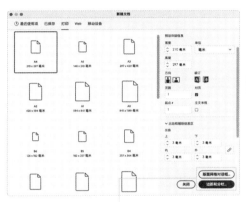

在〔版面网格对话框〕和〔边距和分栏〕中二者择一哟！

版面网格对话框

参见第 104 页的"版面网格对话框设定"

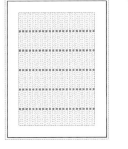

点选位于〔新建文档〕对话框下方的〔版面网格对话框〕后，就会切换至网格设定画面，可供进行文字大小、字距、行间、栏数等基本设定。

边距和分栏

参见第 104 页的"边距和分栏对话框设定"

点选位于〔新建文档〕对话框下方的〔边距和分栏〕后，就能够指定天头、地脚、内边、外边，以及栏数和分栏间距。在这个对话框中，无法进行网格设定。

版面网格对话框设定

在〔新建版面网格〕中进行的操作，是建立配合文字排版的网格（方格），因此，十分适合以文字为主的版面。请利用此对话框，针对主版页面内的网格进行详细设定，譬如作为主版网格基础的网格属性、行和栏以及起点等。

〔网格属性〕
用以设定作为基准的网格的字体、大小、字间距（字元空格）、行间距（行空格）等。字间距值若为负数，即属于紧排版型。

〔行和栏〕
用以指定单行字数（字元）、行、栏数及栏间距。

〔起点〕
通过数值来指定网格起始位置。

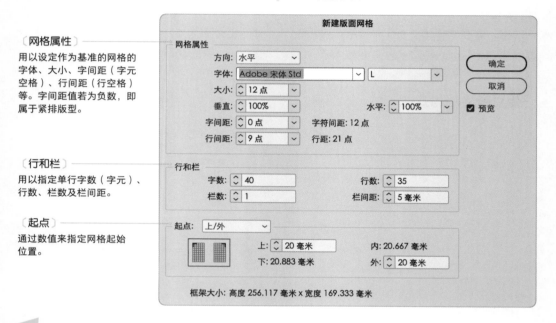

边距和分栏设定

〔新建边距和分栏〕内未提供文字排版的详细设定选项，所以较适合以图片为主的版面。在〔边距〕和〔栏〕对话框中，仅能以数值的形式设定天头、地脚、内边、外边和栏。在设定完毕后，也可再利用〔版面网格对话框〕作进一步的设定。

〔边距〕
用以指定天头、地脚、内边、外边的数值。

〔栏〕
用以指定版心内的栏数和分栏间距。

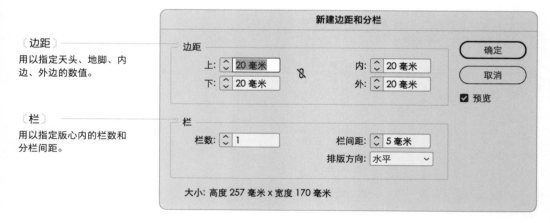

当所制作版面的印刷品页数众多时，应当先行配置所有页面共通的书眉和页码等元素，并利用〔主页〕功能套用该基本版面配置。

只要善用〔主页〕，就能迅速地将同一版面配置套用至多重页面哟！

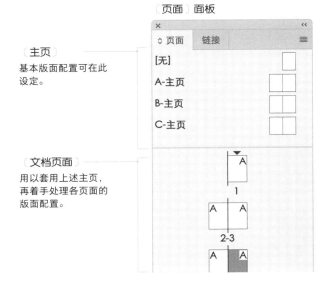

〔页面〕面板

〔主页〕
基本版面配置可在此设定。

〔文档页面〕
用以套用上述主页，再着手处理各页面的版面配置。

新建主页的方法

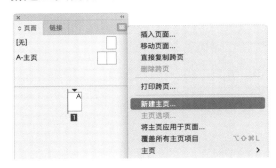

从〔页面〕面板菜单执行〔新建主页〕，即可建立新的主页。

主页的套用方法

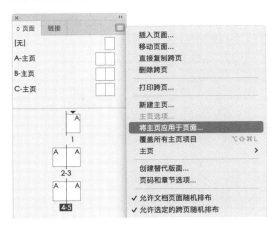

若想将选取的版型套用至文档页面，请于〔页面〕面板点选要进行设定的页面，再执行〔页面〕面板菜单的〔将主页应用于页面〕，并从弹出的对话框中设定想套用的主页。

页码设定

在制作页数众多的多页印刷品时，除了杂志的广告页面之外，几乎所有页面在同一位置都会标上"页码"。对于多达数十页的书来说，若要逐一标上页码，很可能会出现编号出错或位置偏移等重大问题，因此，页码会预先通过主页来设定。以下是主页的页码设定方法。

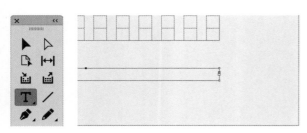

1

利用主页，在配置页码的位置建立文本框。自〔工具〕面板点选文字工具，并在页面上拖曳文字工具，即可生成文本框。

好方便！

以同样方法点选〔章节标记〕，就能建立书眉喔！

2

执行〔文字〕功能表→〔插入特殊字符〕→〔标志符〕→〔当前页码〕，文本框内就会出现页码专用的标记。

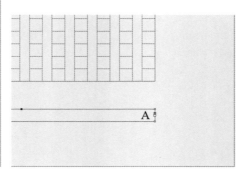

3

利用〔字符〕面板指定要使用的字体。主页上不会显示页码数值，而是称为前缀（prefix）的主页符号。于文件页面套用主页后，页码就会自动以所设定的字体填入指定位置。

变更起始页码

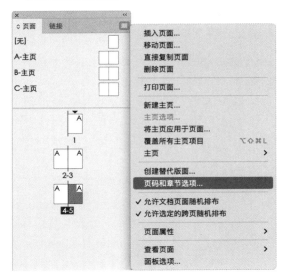

文件页面的起始页码预设为 1。然而，版面设计的页码并非一定始于 1。因此，我们将于下述内容说明如何配合实际排版来变更起始页码。

1

文档页面的页码预设为从 1 开始，所以需配合实际排版变更起始页码。首先，执行〔页面〕面板菜单的〔页码和章节选项〕。

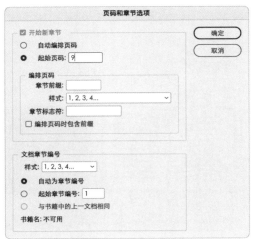

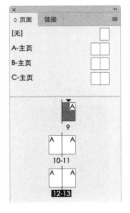

2

在〔起始页码〕输入想要的起始页码，即可变更文件页面的页码。

此外……

这里可以变更页码样式哟！

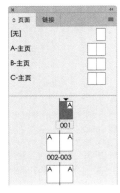

顺带一提，〔页码和章节选项〕的〔样式〕有多种页码样式可供选用，例如"1, 2, 3, 4……""001, 002, 003……"、中文数字和罗马数字等。

⑧ 如何营造视觉动线及节奏？打造充满魅力的版面设计

即使文字量相同、图片也相同，书本内页给人的印象仍会因版面设计而有莫大变化。借由轻重缓急兼备的版面设计为页面动线增添节奏感，同样相当重要。

排版方向和视觉动线

中文适合竖式排版也适合横式排版，采用竖式排版时，文字是由上往下、由右往左阅读，装订边在右；横式排版则是由左往右、由上往下阅读，所以装订边在左。基本上，竖式排版的大标题和其他标题会配置于右上方，借此引导视线由上往下、由右往左移动；横式排版则会以左上方作为起点，将视线由左往右、由上往下引导。图片的配置原则同样是将较重要的图片往起点摆，不过，也可以通过尺寸大小来引导视线。

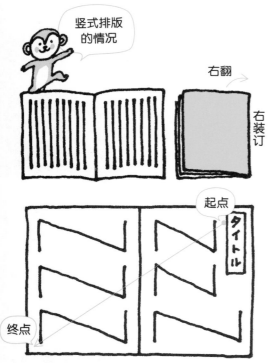

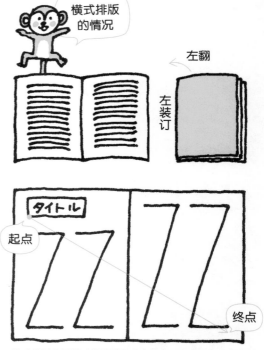

竖式排版的版面基本上是以由上往下、由右往左的顺序来引导视线。对于开数较大的杂志等读物，倘若采用单栏配置，会因为纵向移动距离过大而导致阅读困难。所以，应当分割成3栏或4栏，借此取得最适合的视线移动量。

横式排版的视觉动线通常是由左往右、由上往下。相较于纵向阅读，视线较自然会往横向移动。因此，版面大多采用单栏配置，即使是开数较大的杂志，栏数也只有两三栏而已。

因版面配置而异的观感

页面给人的印象和易读性，除了会因为文字大小和图片位置而改变之外，还取决于众多因素。例如，用以表示版心周围白边比重的"边界率"（margin rate），表示标题、内文字体大小和图片尺寸对比的"跳跃率"（jump rate），以及表示图片占据页面之比例和大小的"图片比例"等，这些都是影响读者观感的重要因素。

边界率

指版心周围的留白比例。留白多能够呈现稳重怡然的气氛，留白少则给人密度高且强而有力的印象。

边界率大，稳重怡然。

边界率小，密度高且强而有力。

跳跃率

指文字和图片等元素之间的尺寸差异。能否自然地引导视线，也与标题和内文字体的大小差异息息相关。

跳跃率大，整体显得强弱有别、活泼有朝气。

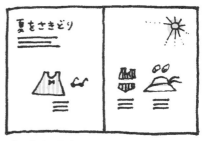

跳跃率小，整体显得高雅有质感。

图片比例

指占据页面的图片数量和大小的比例。页面内的图片大小和数量皆会影响易读性和页面强弱变化。对于杂志来说，图片尤其重要。

图片多。根据分栏配置图片，即可营造规律性和节奏感，每张图片都能获得同样的注意。

图片少。大胆增加图片之间的尺寸差异，即可使视线由大图往小图依序移动。

我要介绍书本页面的版面配置变化啰!

风格琳琅满目呢!

留意信息的引导线

若想让读者的视线自然而然地被引导,就必须多下功夫,譬如根据文字和图片的重要性分配大小,或是特意在用以吸引注意力的元素周围安排留白等。

〔利用文字形成引导线〕

只要将大标题和内文的级数差距拉大,视线自然会先落在字体较大的文字上。

〔利用留白形成引导线〕

对于用以吸引注意力的图片和大标题等,只要增加尺寸,再于周围加上留白,视线就会顺着留白来移动。

调整节奏与平衡

在配置图片和文字时,有多种方式可供参考。例如打开页面后,左右两页看起来一样的轴对称、左右两页看起来相反的点对称,以及利用特定配置展现节奏感等。

〔轴对称〕

左右对称的配置方式称为轴对称,能够营造较为安稳的气氛。

〔点对称〕

绕着中心点旋转 180 度,使左右结构相反的版面配置,能够赋予页面变化感和节奏感。

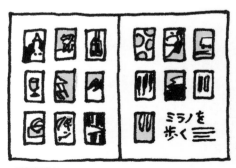

〔节奏感〕

依循分栏和网格划分,以固定的动线或特定间隔大小安排文字和图像,借此产生节奏感。

善用留白

留白的位置和范围会因主体和页面动线而异。即使版心周围的白边大小相同，只要分栏和分栏间距不同，整体给人的印象就不一样。

〔基本范例〕

最基本的留白方法，是使天头、地脚、内边和外边看起来大小一样。

〔空出一整栏以增添悠闲感〕

空出其中一栏，并在大标题、标题和内文部分加入留白，使页面气氛从容恬静。

〔以大范围留白强调轻重缓急〕

跨页配置图片，并在对页留下大范围空白，即可使页面缓急分明。

网格系统（grid system）

网格系统能对版面进行比分栏更细致的设定，即使所依循的基准不变，也能通过图片和文字量的多寡呈现丰富多变的样貌。

〔网格系统的基础〕

网格系统的基础是由固定大小的方块区域和留白所构成，其中的方块是用以配置图片及文字的空间。

〔网格系统应用1〕

配置图片时，使其横跨数个方块，就能够赋予大幅变化。

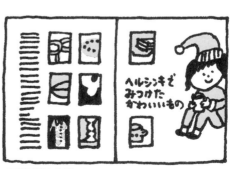

〔网格系统应用2〕

也可使图片占据网格中的单栏或双栏，并使其出血，然后以网格的方块为单位来安排留白。

⑨ 以精确修正文字为目标：文字校对的流程与实例

建立基本版面配置之后，需进一步与编辑讨论，以确认原稿内容。此过程中为了提升效率，修改指示应明确标记，并且使用校对符号。

文字校对的流程

原稿通常是由编辑阅读并校正，再将整理好的原稿交付设计，待版面配置完成之后，编辑或校对需再次确认内容及订正错字及漏字。过程中如果发现错误，应在打印稿上用红笔注明修改指示，然后请设计师或排版人员帮忙修改。标注修改指示时，若是文章内容有误，需以正楷书写正确内容，以避免误解；若是文字顺序错误或标点错误，则需用专门的校对符号标注。另外，现今的校对已不再局限于纸本校对，有时也会改为利用 PDF 校对，并且直接在 PDF 上标示修改指示。

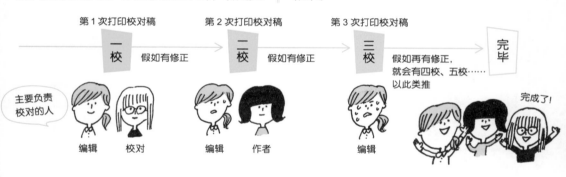

第1次打印校对稿　第2次打印校对稿　第3次打印校对稿

一校　假如有修正　二校　假如有修正　三校　假如再有修正，就会有四校、五校……以此类推　完毕

主要负责校对的人

编辑　校对　编辑　作者　编辑　完成了！

校对符号范例

改成小写假名
ドック ▶ ドック
ドック
ドック

对调文字
可爱的狗小 ▶ 可爱的小狗
可爱的狗小
可爱的小狗

改正错字、错误符号
犬家族 ▶ 大家族
犬家族？

删除文字、符号，并填补因而多出来的空格。
秋田の犬 ▶ 秋田犬
删除

增补文字、符号
我喜欢狗 ▶ 我非常喜欢狗
非常

 *范例使用的校对符号为日本标准。

校对符号

用于指出错字、漏字或指定文字位置等的专门记号，可谓与出版息息相关的共同语言。然而，不同出版社或编辑之间，使用的记号可能有些微差异。

制版

指校对完毕的原稿实际进入印刷程序，亦即开始制作印刷用的印版。

文字校对前后对比

校对前

以红笔仔细书写喔！

Gothic Medium

「カワセミ」を表す漢字を次に挙げてみる。

1 川蟬　2 翡翠　3 魚狗
4 水狗　5 魚虎　6 魚師

かつてカワセミは日本各地の海や川、湖などの水辺に生息し、都市部の公園や河川でも見かける日本人にとって身近な野鳥のひとつであった。1980年代の減少がピークに生息域、個体数の減少が報告されている。原因は河川の汚染と、護岸化による営巣地の喪失といわれている。

体調は17cmほどで、それほど大きくないが頭から羽にかけての鮮やかな水色と、長い嘴が特徴で、星の数ほどいる野鳥と容易に見分けることができる唯一無二の存在である。但し「カワセミ」を表す漢字は唯一無二ではない。その逆で、たくさんありすぎであることが特徴で、ちなみに「カワセミ」は虫の蟬とは何の関係もない。

鳥の名前から日本文化を考察する
日本文化研究家　大塚良子

「翡翠」書いて「カワセミ」と読むこともあれば「ヒスイ」と読んでカワセミの別名を指すこともある。また、カワセミの雄は「翡」、雌を「翠」と分けて使うこともあるらしい。ちなみに、カワセミの雄と雌が、嘴を見れば区別ができる。くちばしの下が赤いほうが雌である。

日本文化研究家 大塚良子
1957年 沖縄生まれ
ビレ大学教授
主な著書に「鳥のすべて」ほか多数

16

校对后

已经妥善修正了吧？

「カワセミ」を表す漢字を次に挙げてみる。

1 川蟬　2 翡翠　3 魚狗
4 水狗　5 魚虎　6 魚師

かつてカワセミは日本各地の海や川、湖などの水辺に生息し、都市部の公園や河川でも見かける日本人にとって身近な野鳥のひとつであった。1960年代をピークに生息域、個体数の減少が報告されている。原因は河川の汚染と、護岸化による営巣地の喪失といわれている。

体調は17センチほどで、それほど大きくないが頭から羽にかけての鮮やかな水色と、長い嘴が特徴で、星の数ほどいる野鳥と容易に見分けることができる唯一無二の存在である。但し「カワセミ」を表す漢字は唯一無二ではない。その逆で、たくさんありすぎることが特徴である。ちなみに「カワセミ」は虫の蟬とは何の関係もない。

鳥の名前から日本文化を考察する
日本文化研究家　大塚良子

「翡翠」と書いて「カワセミ」と読むこともあれば「ヒスイ」と読んでカワセミの別名を指すこともある。また、カワセミの雄は「翡」、雌を「翠」と分けて使うこともあるらしい。ちなみに、カワセミの雄と雌は、嘴を見れば区別ができる。嘴の下が赤いほうが雌である。

日本文化研究家 大塚良子
1957年 沖縄生まれ
ビレ大学教授
主な著書に「鳥のすべて」ほか多数

16

113

常用的校对符号

符号		作用	用法范例和订正结果					
		替换、增补或删除文字、符号等	鸟笼	鸟笼	鸟之笼 删除	鸟笼	Dog cage / Bird cage	Birds cage / Bird cage
		更改字体或文字大小	鸟巢 改1Q	鸟巢	小鸟 改成黑	小鸟	改大写 little bird / Little bird	改斜体 little bird / *little bird*
		插入文字、符号等	鸟飞翔 在	鸟在飞翔			Flyng bird / Flying bird	
		右标、上标、下标	ダチョウ	ダチョウ			km2 / km²	H2O / H₂O
		加大字间距、行间距	小雏鸟	小雏鸟	巢爸雏鸟妈和妈的爸	巢爸雏鸟妈和妈的爸	young bird / young bird	young bird and the parent birds' nest / young bird and the parent birds' nest
		缩小字间距、行间距	小雏鸡	小雏鸡	鸡蛋小雏鸡和	鸡蛋小雏鸡和	e g g / egg	young bird and the egg / young bird and the egg
		移至下行	窝鸟蛋发现一	一窝鸟蛋发现			discover the egg of the bird / discover the egg of the bird	
		移至前行	窝鸟蛋发现一	鸟蛋发现一窝			discover the egg of the bird / discover the egg of the bird	
		另起一行	一窝鸟蛋	鸟蛋一窝			the egg of the bird / the egg of the bird	
		对调文字、行	南方鸟的	南方的鸟	有在很南多方鸟岛	在有南多方鸟岛	the brid / the bird	the bird / the egg / the egg / the bird
		接排	只共鸟两	共两只鸟			There are two birds / There are two birds	
		将文字、行等移至指定的位置	园中鸟	园中鸟	园中鸟	园中鸟	Bird of the garden / Bird of the garden	Bird of the garden / Bird of the garden
		标注注音	鸟笼	鸟笼			wū lóng chá 乌龙茶	
		加注着重号					美丽的翠鸟 / 美丽的翠鸟	
		插入断句符号	赏现鸟在在	赏现鸟在。在			The bird there are two / The bird, there are two.	

*以日文校对符号为例。

广告文宣品的制作

夹页广告、折页广告、报纸广告……
一起了解广告文宣品制作的要点及规定。

① 生活周遭常见的广告媒体：
夹页广告的制作要点

每天早上，夹页广告都会随着报纸送到我们手上，发行量大且效果直接，是激发消费者购买欲的常见广告媒体。

常用于广告传单印刷的轮转机（web press）

夹页广告是以在短时间内印制大量份数为诉求，因此通常是采用平版轮转机印刷，而非平张印刷机（参见第144页）。平版轮转机使用的是卷筒纸，不过，报业用平版轮转机使用的卷筒纸尺寸为D卷，其完成尺寸不同于常见的A版、B版，请务必多加留意。为了使夹页广告的制作适当得宜，请着眼于平版轮转机特有的卷筒纸的完成尺寸，其中，对全国性报纸的标准尺寸D卷，以及经常以商业用平版轮转机印制单张广告的B卷等，尤其需要有充分的认识。

 平版轮转机 B 卷参考尺寸

B 卷	纸张尺寸 (mm)	标准印纹尺寸 (mm)	最大印纹尺寸 (mm)
全	1,085 × 765	1,064 × 736	——
2	765 × 542	740 × 522	743 × 530
3	542 × 382	522 × 360	530 × 370
4	382 × 271	360 × 246	370 × 260
5	271 × 191	246 × 170	——
6	191 × 135		

 平版轮转机 D 卷参考尺寸

D 卷	纸张尺寸 (mm)	标准印纹尺寸 (mm)	最大印纹尺寸 (mm)
全	1,092 × 813	——	——
2	813 × 546	788 × 522	790 × 530
3	546 × 406	522 × 386	530 × 390
4	406 × 273	386 × 246	390 × 260
5	273 × 203	246 × 186	252 × 182
6	203 × 136	——	——

*以上资料皆为参考尺寸。实际尺寸可能因印刷机而异，请于制作前向印刷公司确认。

直投广告

有别于单张广告的投放形式之一。单张广告系与报纸一同配送，直投广告的做法则是直接将传单投入信箱。

平版轮转机

能够高速大量印刷，因此适用于单张广告等印制数量庞大的广告媒体。

印纹尺寸及完成尺寸

利用平版轮转机印制的广告传单通常不会再经过裁切，因此必须保留适当的白边。有别于完成尺寸，能够印刷的范围称为印纹尺寸。印纹尺寸会因印刷机不同而异，请务必于印前进行确认。

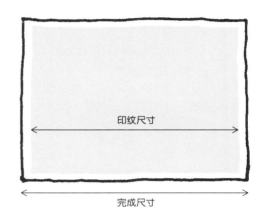

印纹尺寸

完成尺寸

报纸和单张广告的开数

单张广告在夹入报纸后，尺寸不能超过报纸。一般来说，日本报纸为"大报"尺寸，约相当于 D3，其余也有相当于 D4 的"小报"尺寸。B 卷小于 D 卷，因此，以 B 卷为基础的单张广告很适合夹入报纸。当然，即使是采用 D 卷，只要通过折叠加工缩小尺寸，同样适合夹入报纸。另外，D4 和 B4 等尺寸的单张广告在夹入报纸之前，通常不会再经过折叠。

大报

546mm

406mm

D 卷 D3、D4 纸张尺寸

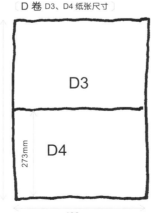

D3

D4

546mm

273mm

406mm

B 卷 B3、B4 纸张尺寸

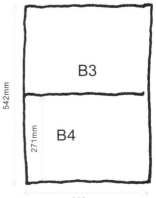

B3

B4

542mm

271mm

382mm

夹页广告的组成元素

〔横幅〕
上方有横幅装饰的设计十分常见。这里也可以填入各种信息。

〔产品信息〕
由图片、名称和价格构成，为广告传单的主要部分，版面配置需掌握整体平衡。

〔裁切线〕
以平版轮转机印制的广告传单不会再经过裁切，所以有时候印刷稿会省略裁切线，仅表示中央十字线。

〔门市信息〕
LOGO、营业时间、电话等。基本上，每次都会配置于同一位置。

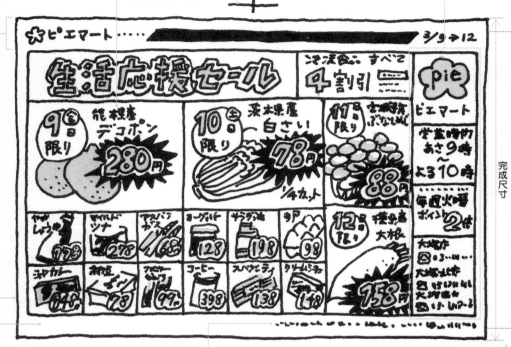

〔正面、反面〕
有时也称作 A 面、B 面。若采用对折加工，内侧为反面、外侧为正面。

〔重点消息〕
最下方经常会用小字标注注意事项，因此，在设计版心时请记得预留位置。

〔完成尺寸、印纹尺寸〕
使用平版轮转印刷机时，完稿的周围通常留有白边。能够印刷的范围会因为印刷机的不同而改变，事前务必再三确认。

广告传单经常使用的元素

〔爆炸效果〕
用于衬托在价格或宣传标语后方的装饰元素，能够吸引注意力。

〔白边文字〕
加强易读性的加框文字，在色彩泛滥的广告传单中，白边尤其能够发挥效用。

夹页广告的排版形式

分格法
井井有条！

在广告传单的版面配置形式中，最为普遍且最有效率的是"分格法"，亦即将版面的垂直方向和水平方向加以细分，并以此形成的方块作为排版基准。只要分配不同大小的方块给各元素，就能通过方块的尺寸差异来增添变化。这种形式能够轻松营造出井井有条的感觉。

分格法排版

自由版面法
变化和活泼感！

如要避免分格法过于规整的版面印象，不妨采用自由版面法。自由版面法需要高超的排版技术，尽管自由度提高，该整齐的地方还是要整齐，否则整体会显得零乱松散。出色的自由版面广告能够呈现出富有变化且充满朝气的感觉。

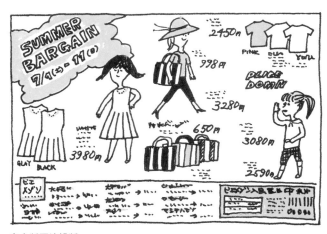

自由版面法排版

夹页广告的色彩运用

色彩是广告传单重要的设计元素。在全彩印刷的情况下，通过色彩校正，可美化产品图片，借此令成品达到激发消费者购买欲的效果。采用单色印刷等色彩数量较少的情况同样不在少数，此时需特别注意所使用的油墨颜色。举例来说，如传单内有大量鱼肉等生鲜食品的图片，若是以蓝色等冷色系油墨来印制，就会导致鲜美多汁的感觉尽失，无法令消费者感到美味。

② 纸张的千变风貌！折页广告的折法和制作要点

各式折页广告和 DM[注]，大多会经过折纸加工处理。以下将说明折页广告和 DM 的制作重点，并着重介绍风貌多变的折纸加工形式。

认识各式各样的折法

将折页广告和直投广告等送到收受人手上的方式有许多，例如放置在人多的地方供人取用、信箱投放，或是通过邮寄、电子邮件等。此时，在决定广告媒体的尺寸时，就必须同时考虑发送地点和发送方法等情况。折纸加工是缩小尺寸的方法之一。此外，折纸加工和装订等工艺可以让一张纸拥有多面，这对设计来说是很大的优点。借由不同折叠次数和折叠方式的组合，即可产生各式各样的折法。接下来，让我们先认识其中具代表性的几种形式，并且掌握各加工法的特征。

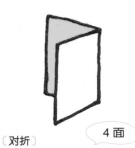

〔对折〕　4 面
将 1 张纸两端相对折一折的简单形式，折线位置通常在正中央。

〔大小弹簧折〕　6 面
在正中央对折后，再把其中一边往外折。有时也会应用在书本里的拉页。

〔骑马钉小本〕
将多张对折的纸重叠在一起，并在中央装订的形式。

〔弹簧折〕
一内一外反复折叠的形式，又称为风琴折。

〔弹簧二折〕　6 面
在三等分的位置，一内一外地折叠，又称为 N 字折。

〔对折再弹簧二折〕　12 面
先在正中央对折后，再从垂直方向折弹簧二折。此折法也会运用于 DM。

[注] DM：Direct Mail，直接邮递广告，指通过邮寄发送的广告传单。

6 面

开门折

在四等分的位置，将两端往内折并对齐中央。

8 面

观音折

将开门折从中央对折的形式。最多可构成 8 面。

12 面

对折再开门折

先在正中央对折后，再从垂直方向折开门折。此折法主要运用于 DM。

6 面

包二折

在三等分的位置，将两端往中央折。设计上，折在里头的那一面，页宽会略窄一点。

8 面

包三折

在四等分的位置，像是卷起来一般，连续向内折 3 次。

8 面

平行二折

先在正中央对折后，再平行地对折 1 次。此方法朝外的面不同于观音折。

8 面
（16 面）

十字折

水平和垂直方向轮流各对折一次的形式。有十字二折和十字三折等变化。

16 面

十字三折

以十字折的要领连折 3 次。只要裁切两边，即可形成共 16 页的"书帖"。

图注框内表示的是该折法能够产生的面数哟！

121

配合折纸的尺寸调整

在制作折页广告等需要折纸加工的印刷文件时，可能因为折法而必须调整每一面的尺寸，请特别留意。像弹簧二折一般没有内包页，尺寸就无须调整。然而，若是采用包二折那样的折法，假如未缩短内侧包页的页宽，加工时就会造成该面的边缘卷曲，导致纸张磨损，成品也将失色不少。在设计有折纸加工需求的印刷文件时，建议通过实际试折等方式，来令设计更加周密严谨。

包二折和弹簧二折的尺寸或文件制作时的关键点

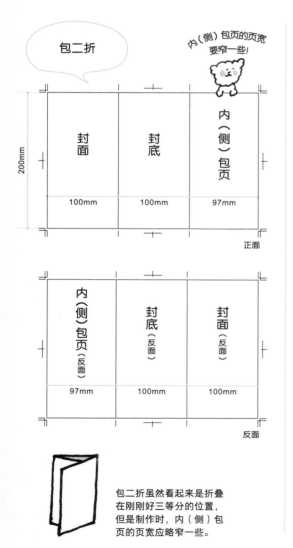

包二折

内（侧）包页的页宽要窄一些!

封面 — 100mm

封底 — 100mm

内（侧）包页 — 97mm

200mm

正面

内（侧）包页（反面） — 97mm

封底（反面） — 100mm

封面（反面） — 100mm

反面

包二折虽然看起来是折叠在刚刚好三等分的位置，但是制作时，内（侧）包页的页宽应略窄一些。

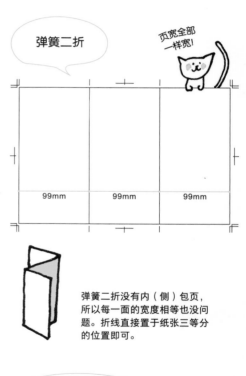

弹簧二折

页宽全部一样宽!

99mm　99mm　99mm

弹簧二折没有内（侧）包页，所以每一面的宽度相等也没问题。折线直接置于纸张三等分的位置即可。

在不少情况下，印刷公司会预先制定好关乎设计的适当数值，请于事前向其确认。

是的。

什么折法比较贵或比较便宜？

除了印刷数量等基本因素之外，折叠次数和方式也会影响到成本。原则上，折叠次数越多，折法越复杂，单价就越高，不过每家公司的定价各有不同，请务必于事前确认清楚。另外，如果遇到机器无法加工的特殊折法，就必须以手工处理，成本基本上也会随之变高。不仅如此，利用邮寄发送等寄送型的折页广告，还可能因为折法而产生邮资上的差异。对于需折纸加工的折页广告来说，将邮资的差异纳入总成本的考量非常重要。

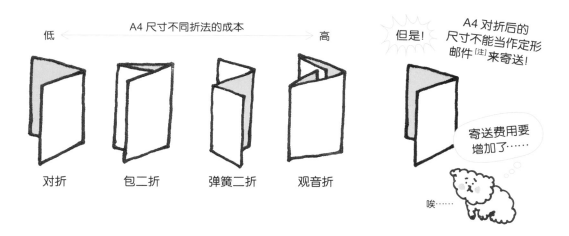

A4 尺寸不同折法的成本

低 ← → 高

对折　　包二折　　弹簧二折　　观音折

但是！

A4 对折后的尺寸不能当作定形邮件[注]来寄送！

寄送费用要增加了……

唉……

折线的标法

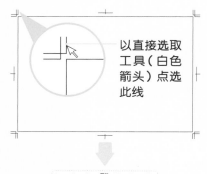

以直接选取工具（白色箭头）点选此线

对于需要进行折纸加工的印刷品，印刷档中必须标上折线，用以指出折叠位置。倘若使用的是 Illustrator，在建立折线时，需先复制完成线，再通过指定坐标等方式，将其配置到正确位置。

移动

位置
水平：0 pt
垂直：0 pt
距离：0 pt
角度：0°

选项

预览

复制　取消　确定

利用〔移动〕功能〔复制〕，并在〔位置〕设定完成线到折线之间的距离。如此一来，即可在复制的同时，将折线配置到正确的位置。

完成了！

[注] 日本信件分成定形邮件和定形外邮件，各自有尺寸和重量上的限制。

传统而值得信赖的广告媒体：报纸广告的格式与尺寸、位置

报纸广告每天都会发行与派送，因此能够触及广大人群。与其他媒体相比，报纸广告的刊登费用较为高昂，然而作为大家信赖的媒体，报纸广告还是有其效果的。

何谓报纸特有的格式"段"？

关于报纸广告，各发行公司对于刊登尺寸、字体、图像处理方式等，皆有各自的规定和限制。在着手制作文件时，请参考刊登的报社的广告文件制作入门指南，或直接向其询问详细信息，务必于事前确认所有相关事项。不过，报纸以"段"为基础的结构，是只有报纸才有的广告制作要点，不存在于其他媒体，而此要点在各报社之间也是共通的。传统报纸版面的版型是将上下高度分成 15 段（现今仅 12 段的也很多），左右宽度则以等分记，新闻广告通常也是依此设定。一般来说，大报的 1 段约为 32mm 高。

上下高度

段	尺寸 (mm)
1 段	32
2 段	66
3 段	101
4 段	135
5 段	170
6 段	204
7 段	239
8 段	273
9 段	307
10 段	342
11 段	377
12 段	411
13 段	445
14 段	480
15 段	514

*以上为日本某报社的规定。

左右宽度

幅	尺寸 (mm)
全幅	382
1/2（2 割）	190
1/3（3 割）	126
1/4（4 割）	94
1/5（5 割）	75
1/6（6 割）	62
1/7（7 割）	53
1/8（8 割）	47
1/9（9 割）	41
1/10（10 割）	37
1/12（12 割）	30
1/14（14 割）	26
1/16（16 割）	22
1/18（18 割）	20
二连版	789

插牌

段	高 × 宽尺寸 (mm)
1/2U	40 × 25
1U	40 × 50

报边方块

段	高 × 宽尺寸 (mm)
2 段 2U	83 × 50
3 段 3U	126 × 50
4 段 4U	170 × 50
1 段横 2U	40 × 100
2 段横 3U	83 × 75
2 段横 4U	83 × 100

*U = Unit〔单位〕，1U为该报社使用的单元广告的基本单位。

电视广播节目表

各报社的广告尺寸
基准中，刊登电视
广播节目表那一面
通常属于特殊规
格，尺寸设定不同
于其他版面。

分类广告

经常和商业广告相对照
的专有名词，意指以
"行"为单位的小广
告，除了用于刊登招聘
广告和不动产买卖信息
之外，也经常用于刊登
个人性质的寻人启事、
求职信息、讣告等。

广告刊登位置的名称分类

〔小广告〕

包含报头下、报边方块在内，所有出
现在各新闻报道之间的广告的总称。
有时会令多个小广告相辅相成，或是
与新闻下广告连接在一起。

〔报纸名称〕

置于广告显眼处。

〔报头下〕

设置于头版报纸名称正下方的位置。

〔插牌〕

穿插在各篇新闻之间的位置，尺寸小
但是吸睛度高。

〔报边方块〕

突出新闻篇幅的位置。

〔新闻下广告〕

集合在各版面新闻下方的基本广告位
置，其特征在于范围设定较为弹性。

〔三段六割〕

使用高度中的 3 段且横跨宽度 1/6 的
位置。主要用于早报头版的书籍和杂
志广告，广告内容多以文字为主。

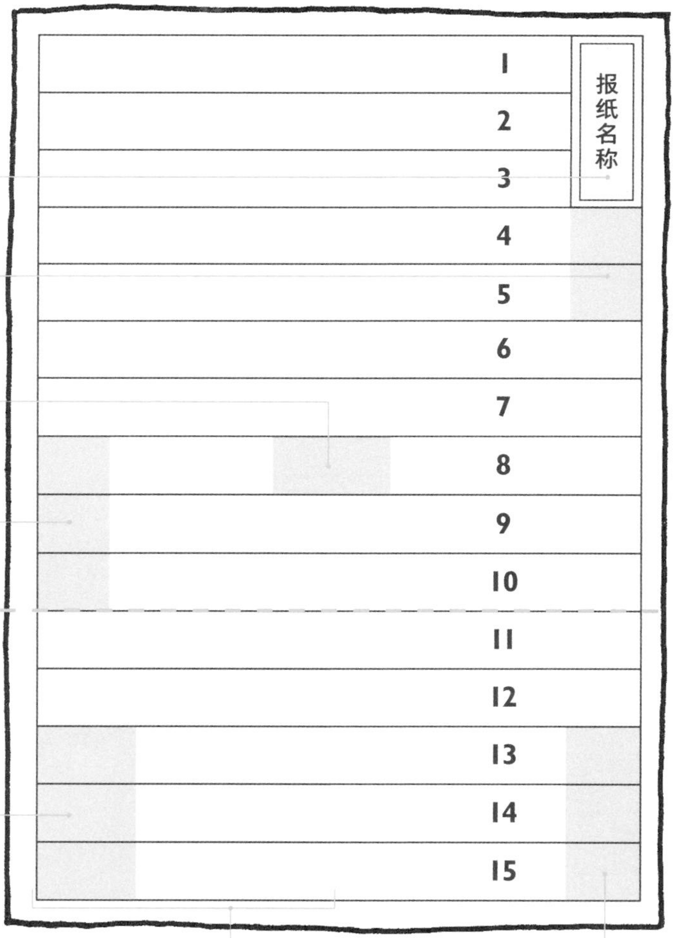

〔半五段〕

使用高度中的 5 段且横跨宽度 1/2 的
位置。假如高度同样是 5 段，但是
宽度为全幅，则称为"全五段"。

〔三段八割〕

使用高度中的 3 段且横跨宽度 1/8 的
位置。主要用于早报头版的书籍广
告，广告内容多以文字为主。

④ 极其抢眼，吸睛度爆表！
车厢广告的名称与制作要点

设置于电车或地铁等交通工具内的车厢广告，曝光度高，属于高效广告媒体，有各种不同的陈设地点及尺寸。

车厢广告独有的特征

搭乘电车或地铁时，总会有众多广告海报映入眼帘。每天都能接触无数双眼睛的车厢广告，可谓别具宣传效果的重要媒体。车厢广告的种类包罗万象，制作时，除了广告的张贴位置、纸张大小等基本项目之外，

张贴方式也会影响到印刷档内必备的资料。悬挂在车顶，或是裱框后挂在墙上，皆是常见的张贴方式，所以必须考虑边缘尺寸等因素，这是车厢广告与广告传单等单张印刷文宣品最大的不同之处。

常见的张贴场所

门上横式海报　　门上横式海报　　窗上横式海报　　　　　挂式海报

门边贴纸

车门旁海报

车门双贴纸

原稿尺寸［日本铁道（JR）各公司范例］

白底部分

是供海报夹咬合的预留空间，或是成品会被遮住的地方。

好好注意喔！

咻咻！
啵啵啵！

挂式海报

由上而下悬挂的海报，是非常受欢迎的车厢广告形式。其上缘设有供海报夹咬合的预留空间。

40mm
364mm
515mm

挂式海报（宽版）

宽度等同两张以 B3 为基础的挂式海报连在一起。要保证上缘的预留空间绝不可少。

40mm
364mm
1,030mm

窗上横式海报（宽版）

张贴时间较长的广告。除了上缘的海报夹之外，左右两端和中央都需用透明胶条固定。透明胶条虽然不会遮住版面，但是有时会造成文案不易阅读，请多加注意。

透明胶条

30mm
364mm
1,060mm

门上横式海报

张贴于车门上方的海报，上下车时尤其显眼。属于裱框型，上下左右都会被框遮住。

10mm
144mm
1,028mm
15mm

*此处列出的尺寸为一般标准。尺寸规定可能会因为铁路公司或列车型号的不同而改变，请务必确认清楚。

车门旁海报（新 B）

张贴于车门旁的海报，高度等同乘客视线。相同于门上横式海报，车门旁海报也属于裱框型，因此上下左右都会被框遮住。

15mm
364mm
515mm
15mm

张贴指南

车厢广告会张贴在公共场所，因此各铁路公司对刊登内容皆有相关规范。例如，广告内容不得过于偏激等，必须事先通过审查才可以公开张贴。

有备无患!
著作权知识

这些都能用在广告上吗？
关于素材使用的著作权问题

人类以创作形式表达思想或情感的产物，就称为"著作"，而用以保护著作或使用著作的权利，即是"著作权"。

自行拍摄东京铁塔的相片可以用在广告上吗？

A 具艺术性的建筑物的确为"建筑著作"，不过在这种情况下，只要取得拍摄者的同意，就可使用于广告。

具艺术性的建筑物因为属于"建筑著作"而受到保护。由于各方对东京铁塔是否可归类为艺术类的建筑物仍持不同意见，所以尚无定论。不过，假设它是"建筑著作"，也一样能将其相片用于广告，因为只要是长期设置于户外的著作（建筑和雕塑等）都可以这么做。此外，相片若属于"摄影著作"，使用时则需要取得拍摄者同意。然而，即使基于著作权法在使用上没有问题，还是有部分建筑物管理者会要求支付使用费。

可以拿蒙娜丽莎的图片来制作广告吗？

A 达·芬奇的画作《蒙娜丽莎》属于"美术著作"，但是保护期限已届满，所以可自由使用。

著作权获得保护的特定年限称为"保护期限"，"保护期限"满的著作就能自由使用。在日本，"保护期限"原则上是从著作完成开始到著作人过世后50年，《蒙娜丽莎》的著作人达·芬奇已经过世超过50年了。不过，即使是"保护期限"届满的著作，也不能以著作人生前不愿意的方式使用。另外，各国对"保护期限"的认定不同，假如使用于国外，务必确认该国著作权法的相关规定。

拍到一般公众的相片，可以放在广告中吗？

A 不论是公众人物还是一般公众，在未取得本人同意的情况下，皆不得使用其肖像（能够辨识其身份的相片和图画）。

这属于"肖像权"的范畴而非著作权。不论默默无闻还是声名远播，每个人都拥有"肖像权"。所谓的"肖像权"是指能够辨识人物身份的相片和图画，在未取得本人同意的情况下，皆不得任意使用（有部分例外）。尺寸极小的相片或仅照到背影等情形，也许不会有问题，然而，当事人证明相片中的人是自己，并提出侵犯"肖像权"的可能性很高。因此，避免使用未经本人同意"肖像权"的相片，才是上上策。

"免费图库"内的相片可以用于广告中吗？

A 请详阅该图库"使用条款"等记载的确认事项及注意事项，再行判断。

打着"免费图库"名号的相片、插图等图库非常多，设计师使用的机会也很多。然而，尽管是"免费图库"，却不一定能使用在所有情况，使用方式也未必能随心所欲。因此，务必详阅"使用条款"等记载的确认事项及注意事项，借此判断图片实际可以运用的范围和使用方式。有时候，作为商业用途需另外取得同意，对于原本图片的形状和颜色等，也可能禁止任何调整。

制式印刷品的制作

明信片、信封、名片等。让我们来认识制式印刷品的固定尺寸，以及制作上的不成文规定。

DM、问候卡、邀请函……
明信片和信封的制作要点

邮件是将信息传递给对方的工具，与我们的生活息息相关。邮局对于邮件尺寸皆有详细规定，请事先掌握其正确信息。

首先认识邮件相关信息

日本邮局将邮件分为信件（第一类邮件）和明信片（第二类邮件），其中信件又分为"定形"和"定形外"两类。定形和定形外的基本资费不同，看单价或许差别不大，但对于大量寄送的 DM 等，就会在成本上反映出较大差异。因此，在设计与制作 DM 等以邮寄为前提的文宣品时，必须将邮资和预算考虑进去。毋庸置疑，若想制作出合适的 DM，正确了解相关规定非常重要。除了定形和定形外的差别之外，关于寄送也涉及多方面的条款，请注意避免"未遵守规定而不得寄送"或"尺寸错误导致邮资增加"等情形。

明信片尺寸

12mm（±1.5mm）

47.7mm

8mm（±1.5mm）

5mm 以上

18mm（±1.5mm）

83.0mm

虽然 JIS 没有此明确规定，但是，上图为日本邮便事业株式会社对定形外邮件的邮递区号框格的建议样式。

明信片尺寸

种类	宽 × 高尺寸 (mm)	定形 / 定形外
最小尺寸	90 × 140	定形
邮政明信片	100 × 148	定形
最大尺寸	107 × 154	定形

90mm × 140mm —— 明信片、定形邮件的最小尺寸
100mm × 148mm —— 邮政明信片的尺寸
107mm × 154mm —— 明信片的最大尺寸

信封尺寸

尺寸不同，资费也会有所区别。

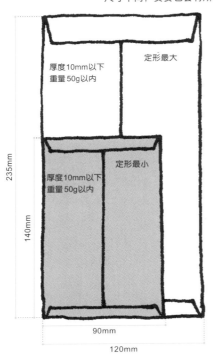

厚度10mm以下
重量50g以内

定形最大

235mm

140mm

定形最小

厚度10mm以下
重量50g以内

90mm

120mm

信封尺寸

种类	尺寸 (mm)	定形 / 定形外
长形 1 号	142 × 332	定形外
长形 2 号	119 × 277	定形外
长形 3 号	120 × 235	定形
长形 4 号	90 × 205	定形
长形 5 号	90 × 185	定形
长形 30 号	92 × 235	定形
长形 40 号	90 × 225	定形
方形 0 号	287 × 382	定形外
方形 1 号	270 × 382	定形外
方形 2 号	240 × 332	定形外
方形 3 号	216 × 277	定形外
方形 4 号	197 × 267	定形外
方形 5 号	190 × 240	定形外
方形 6 号	162 × 229	定形外
方形 7 号	142 × 205	定形外
方形 8 号	119 × 197	定形
方形 20 号	229 × 324	定形外
西式 1 号	120 × 176	定形
西式 2 号	114 × 162	定形
西式 3 号	98 × 148	定形
西式 4 号	105 × 235	定形
西式 5 号	95 × 217	定形
西式 6 号	98 × 190	定形
西式 7 号	92 × 165	定形
西式特 1 号	138 × 198	定形外
西式特 3 号	120 × 235	定形
西式特 4 号	90 × 205	定形

信封的种类

高度不足
两倍宽度

〔方形〕

高度不到两倍宽度的信封。
方形 1 号可装未经折叠的
B4 用纸，方形 2 号可装未
经折叠的 A4 用纸。

高度大于两倍
宽度

〔长形〕

高度超过两倍宽度的信
封。定形尺寸中的长形 3
号和长形 4 号，使用频
率特别高。

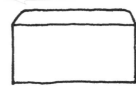

封口位于长边

〔西式〕

横式信封，封口位于长
边。经常用于寄送 DM
等印刷品。

邮递区号框格的尺寸

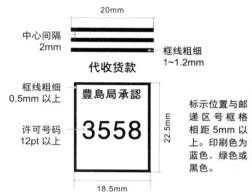

5.7mm
框线粗细 0.4~0.6mm
框线粗细 0.2~0.4mm
8mm
4mm
7mm
14mm
21.6mm
28.4mm
35.2mm
42mm
47.7mm

连字号的粗细同样是 0.4 ~ 0.6mm。颜色是红色。

代收货款标志

20mm
中心间隔 2mm
框线粗细 1~1.2mm

代收货款

框线粗细 0.5mm 以上
豊島局承認
3558
22.5mm
许可号码 12pt 以上
18.5mm

标示位置与邮递区号框格相距 5mm 以上。印刷色为蓝色、绿色或黑色。

邮资已付戳记的尺寸

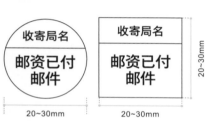

收寄局名
邮资已付邮件
20~30mm
20~30mm

收寄局名
邮资已付邮件
20~30mm
20~30mm

* 右侧两图的格式内含用以说明寄件人业务的广告。

广告（最多可至下方 1/2 ）

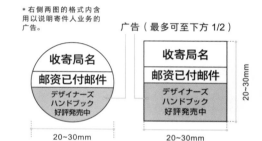

收寄局名
邮资已付邮件
デザイナーズ ハンドブック 好評発売中
20~30mm

收寄局名
邮资已付邮件
デザイナーズ ハンドブック 好評発売中
20~30mm
20~30mm

可是……
邮资已付是什么意思？

企业和商店在邮寄大量邮件、包裹的时候，"邮资已付"能提供非常便利的服务。不仅无须粘贴邮票，资费也能全部一起支付。当所寄邮件或包裹的邮资金额相同，而且交寄数量达 10 件以上，即符合使用条件。

信封展开图（长 3 号、中糊）

设计时请留意糊边位置，以让信封坚固耐用。难以书写收件人信息、收件人信息标签不易粘贴，或是信封本身太重等，都不符合实用标准。因此，在纸张选择上请格外谨慎。

在纸张挑选上多下功夫，也能改变整体观感哟！

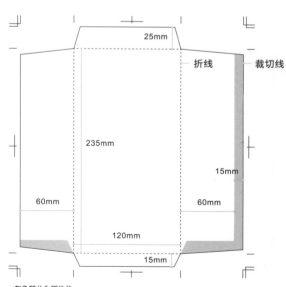

25mm
折线
裁切线
235mm
15mm
60mm
60mm
120mm
15mm

* 灰色部分为糊边位。

明信片和信封的书写规则

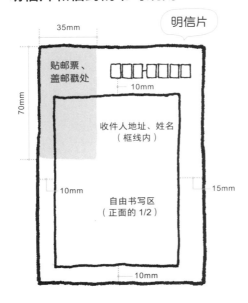

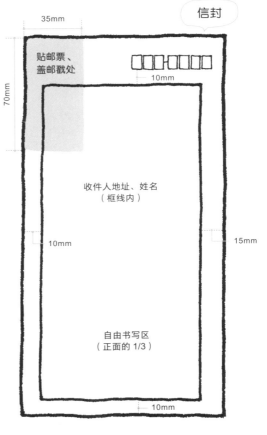

明信片

35mm
70mm
贴邮票、盖邮戳处
10mm
收件人地址、姓名
（框线内）
10mm
15mm
自由书写区
（正面的 1/2）
10mm

信封

35mm
70mm
贴邮票、盖邮戳处
10mm
收件人地址、姓名
（框线内）
10mm
15mm
自由书写区
（正面的 1/3）
10mm

上图和右图是以竖式为例。自由书写区
原则上位于下半部（横式则为左半部）

遵守以下规定
就能成功寄信喔！

日本邮件的基本规格

*相关邮件规定和资费，请参考日本邮便事业
株式会社所提供的最新信息。

明信片

- 最大尺寸　　107mm×154mm
- 邮政明信片　100mm×148mm
- 最小尺寸　　90mm×140mm
- 重量　　　　2～6g

*若是自制明信片，应标示"往返明信片"或意思相同的字样。
纸质及厚度需同或优于邮政明信片。

往返明信片

- 最大尺寸　　214mm×154mm
- 邮政明信片　200mm×148mm
- 最小尺寸　　180mm×140mm
- 重量　　　　4～12g

定形邮件

- 最大尺寸　　120mm×235mm
- 最大厚度　　10mm
- 最小尺寸　　90mm×140mm
- 重量　　　　50g 以下

定形外邮件

- 最大尺寸　长、宽、高总和　900mm
- 最长边的最大长度　　　　　600mm
  *圆筒状或类似圆筒状者是用直径计算而非圆周长。

- 最小尺寸
  圆筒状或类似圆筒状者，圆面直径 30mm、长 140mm，圆筒状以外的，则为 90mm × 140mm。

- 重量　　4kg 以下
  巡回邮件[注] 则为 10kg 以下。

[注] 巡回邮件为日本邮政提供的服务，用于在各政府机关、公家机构及其分所、分店之间转寄邮件。

② CD、DVD 的设计和包装：相关印刷品的尺寸和细节

CD 和 DVD 的相关物品，可归类为"包装设计"，不过，它们和平面设计的情况有诸多不同之处，请多加注意。

事前确认尤其重要！

以音乐用途为主的各种 CD 和用于收录影片内容等的 DVD，其相关物品大致可以分成收纳光碟用的"外盒"及构成光碟封面的"标签"等。光碟尺寸分为小型的 3 寸盘（外径 80mm）和 5 寸盘（外径 120mm），前者以前经常用于音乐单曲 CD，后者则是后来的主流。CD 和 DVD 外盒及标签的制作尺寸，会因为外盒种类和印刷公司的作业条件而有巨大差异。因此，请务必于事前积极通过会议等方式进行确认。以下内容将介绍各部位的一般标准尺寸。

各部位名称

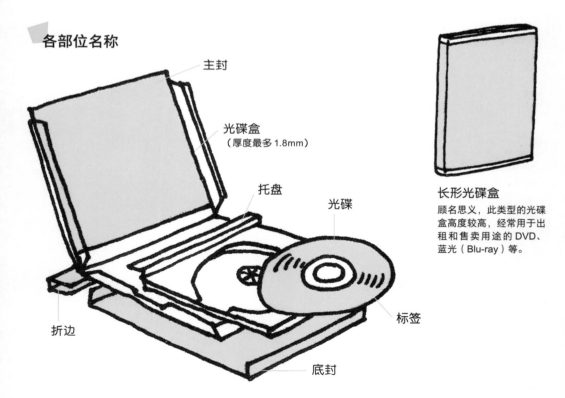

主封

光碟盒
（厚度最多 1.8mm）

托盘

光碟

折边

标签

底封

长形光碟盒
顾名思义，此类型的光碟盒高度较高，经常用于出租和售卖用途的 DVD、蓝光（Blu-ray）等。

光碟各部位尺寸

23mm
116mm

满版

通常中央处有直径为
23mm 的圆孔，为不
可印范围。

46mm
116mm

标准

中央处有直径46mm
的圆孔，为不可印范
围的情况很多，属于
标准尺寸。

120mm

120mm   120mm

118mm

6mm   151mm   6mm

〔主封〕

CD 和 DVD 的 "门面"。设计的完成尺寸为 120mm × 120mm，
也可以增加页数。下图为对折（4 页）的设计。

〔底封〕

底封是以光碟盒与光碟盘相夹的方式固定，
所以高度略小，宽度略大。

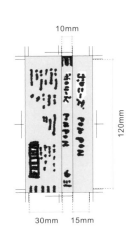

10mm

120mm

30mm   15mm

183mm

129.5mm   14mm   129.5mm

〔折边〕

因为是用于包覆光碟盒侧面，所以背部
需略宽。两侧宽度可以是各30mm 或
15mm，也可以是左右不同宽等组合。

〔长形光碟盒外标〕

上图为 AMARAY 规格。除此之外，还有稍微宽一点的 Warner
规格，以及薄长形光碟盒规格。

③ 决定你给人的第一印象：名片的制作要点

名片对做生意来说不可或缺。名片即"门面"，可能会左右在对方心中留下的第一印象，因此请多加考虑各种细节。

根据目的设计名片

名片的设计包罗万象，然而在尺寸方面，日本采用得最多的是 55mm×91mm 的"普通 4 号"。当然，尺寸可以自行决定，但是名片夹和名片收纳本尺寸是以"普通 4 号"为基准，如此一来，就可能有名片放不进去等缺点。另一方面，若名片能让对方感受到好的一面，也将发挥出更好的效果。因此，重要的是仔细思考"想要给对方留下什么印象？""应当强调什么？"再根据该目的来决定名片样式。这个重点不仅适用于名片尺寸，诸如形状、字体、颜色、文字内容等关乎名片设计的所有元素，都是同样的道理。

名片尺寸

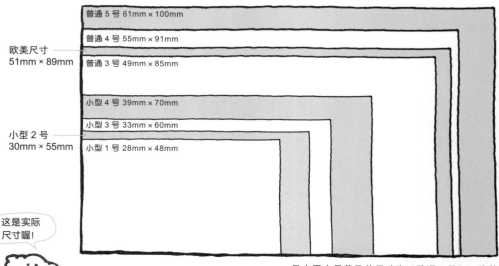

普通 5 号 61mm × 100mm
普通 4 号 55mm × 91mm
欧美尺寸 51mm × 89mm
普通 3 号 49mm × 85mm
小型 4 号 39mm × 70mm
小型 3 号 33mm × 60mm
小型 2 号 30mm × 55mm
小型 1 号 28mm × 48mm

这是实际尺寸喔！

日本国内最普及的尺寸为"普通 4 号"，欧美则以 51mm × 89mm 为主。此外，也能够通过裁切等加工，打造出尺寸较有变化的设计，只不过需先向印刷公司确认可行性。

名片设计的要素

〔最适当的留白设计〕
图片比例对整体印象影响甚大。此外，避免将重要元素配置在递名片时的手指位置，同样是名片制作上的重点。

〔考虑姓名的最大长度〕
职称和姓名部分的文字空间，在设计版型时，必须将最大字数考虑进去，保留足够多的空间，以免无法容纳较长名字的情况。

〔浓缩并传达企业理念〕
商业上，名片不只是个人的"门面"，也是公司的"门面"。请以企业理念和业务内容等为方针，寻求能够恰当呈现的设计。

アートディレクター
犬山 犬子

Dog Mountain Graphics Inc.

〒170-0005　東京都豊島区南大塚2-32-4
Tel：03-1234-5678　Fax：03-1234-5678
abcd@pie.co.jp　www.pie.co.jp

R 100

〔出血不可或缺〕
名片也是印刷品的一种，所以在印刷档的制作上，同样需要设定出血范围。底色整面为实色或纯白时，尤其容易忘记出血设定，请务必留意。

〔采用有助于正确了解公司的字体〕
挑选能够准确表达企业特质的字体十分重要。同时，该字体应具备高可读性，字距也需用心调整，借此确保电话号码等信息易于阅读。

〔建立裁切线〕
在制作名片印刷档时，裁切线同样必不可少。此外，用以确认成品样貌的框线虽能在设计时提供辅助，但是交付印刷档时，请将其移除。

名片设计的创意

在名片设计上可下的功夫有许多，例如纸张挑选，以及丰富多元的加工方式等，而通过裁切进行的后加工也是其中之一。名片中，最常见的裁切加工是将4个角裁切成圆角，以呈现柔和感。除此之外，还有五花八门的创意手法，有助于给对方留下深刻印象。

请多多指教!

名片是决定第一印象的重要工具!

设计上遇到瓶颈了……
检验设计优缺点的方法

颜色？素材？平衡感？总觉得设计不太妥当，没有整体感……
此时，务必试试以下的设计基本检验法及进阶检验法。

首先是以下 3 种基本检验法！

以实际尺寸打印后检视

仅在电脑荧幕上确认设计可不行！以实际尺寸打印，并拿在手上从不同角度观察，有助于发现在荧幕上未能注意到的优缺点。

沿着裁切线剪下后观察

接着，沿打印稿上的裁切线剪下，借此以更接近成品的样貌来确认。少了裁切线外的白边，看起来大不相同。

稍微离远一点

从比伸手可及的距离略远一点的地方观察设计，即可在避免拘泥于细节的状态下，评估构图、留白等整体平衡。

另有 4 种进阶检验法！

倒过来看

如果试了上述 3 种方法之后，还是找不到问题出在哪里，不妨上下颠倒着看。因为看起来就像是不同的设计，说不定会有出乎意料的发现。

检查黑白稿

用打印机将彩色设计稿印成黑白稿再作检视。这种方式能将色彩信息简化到只剩深浅之分，从而清楚看出画面整体的强弱和明暗状况。

请他人帮忙看

评估评估

与其一个人独自烦恼，不如求助于前辈、同僚和新同事。另外，当有明确的对象和使用者时，向这些潜在受众询问意见也是十分有效的方式。

我懂了！

参考其他作品

多看看别人的设计作品也是非常重要的参考，例如相同主题的设计、最近流行的设计、复古设计等。当然，能作为参考的资源不仅局限在设计作品上。

尝试转换心情

不断执着于眼前的设计，也不一定会产生好的想法。此时，转换心情也是很重要的。在做其他事情的过程中，很可能会让你茅塞顿开哟！

印 刷 和 装 订

从印刷到装订的工序能将设计化为成品。
让我们一起来了解印刷方法、各式加工，
以及装订种类等知识。

熟悉流程，提高工作效率！
从交付原稿到印制完成

为了能与印刷厂顺利沟通，理解交付印刷稿后的工序非常重要。作业现场的数字化日益精进，不过，只要掌握基本知识，面对改变也能迅速抓住要领。

从交稿到装订的工序

将制作完成的印刷档送交印刷公司的步骤称为"交稿"。从交稿后的印刷到装订完成，一连串的工序会运用到多种技术，设计师也应当切实了解整个流程，有助于正确地制作文件及提升作业效率。

一般而言，首先是依照印刷方式将印刷档制成印版，接着通过试印检查颜色（色彩校正），确定没有问题后即可开始印刷，之后再进行装订加工。随着数字化技术的升级，色彩校正和输出形式也越加丰富，设计师对这些必须有所认识。

从印刷档交稿到制成印刷品的流程

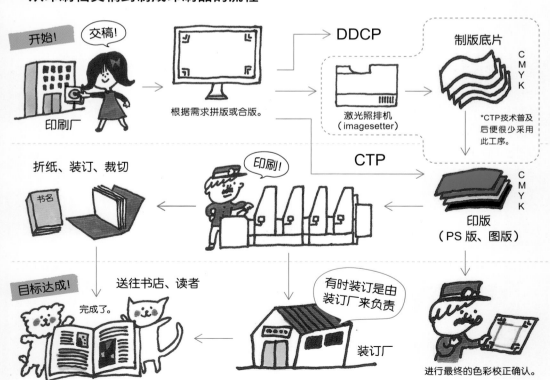

拼版

印制书籍、杂志时，为了提升生产效率会同时在单张纸上印制多页，并因应不同装订及印刷机进行称为"拼版"的页面布局作业。其中，"全张套版印"（sheetwork）是指 1 张纸的正反面各印 8 页，总共 16 页。"左右轮转"（half sheetwork）一般是指正反面各有同样的 8 页，所以 1 张纸可印两份同一件印刷品。

以下说明从印刷到装订的相关基本用语。

后加工

用以提升印刷品价值的"后加工"包含各式各样的技术，例如亮面或雾面处理、防水涂层等增加纸张强度的表面处理以及利用金箔等进行钢印的烫金加工等。

CTP（脱机直接制版技术）

"computer to plate"的缩写，用以将DTP等制作而成的数字文件输出成印刷用版（印版）的过程。相较于先将文件以"网片输出机"输出底片，再将其曝光、转印至印版，CTP 精简了许多中间工序，且大幅减少耗材，其输出精确度（印刷重现精确度）也很高。随着CTP专用PS版（预涂感光层版，presensitized plate）的普及和价格下降等因素，CTP 在短时间内已大量普及。

激光照排机与制版底片

将由 DTP 等制作而成的数字文件，输出成制版底片或相纸的机器，称为"激光照排机"，其输出分辨率可高达 1200dpi 以上，不过随着 CTP 的普及，如今已逐渐式微。将原稿的 C、M、Y、K 4 色元素各自抽离，并输出所分解出的内容，即可得到"制版底片"，这般分成 4 色再行印刷的基本原理相同于 CTP。

DDCP（数字彩色打样）

"direct digital color proofing"的缩写。可直接将DTP 文件输出成彩色印刷的纸本样张，可用来作色彩校正。市场对 DDCP 的需求与日俱增，用以代替CTP做不到的平台式打样，或是作为按需印刷（POD, print on demand）的打样系统。DDCP 刚推出时仅能使用打样专用纸和模拟网点，不过现在已有部分机种能够使用实际印刷用纸，并以高精确度网点输出样张。

色彩校正

意指试印以检查色彩、网点及图片状态等是否有依照指示重现，并且用红笔写下订正指示等的作业。在以 CTP 为主流的现今，尽管最佳的校正方式仍是最接近实际印刷质量的上机打样，不过随着数字技术的进步，DDCP 和软打样等输出形式的参考度也大为提高。请根据性价比（CP 值）来选择。

制版、印刷

印刷的基本原理是用通过加压的方式，将"版"上的油墨转印至承印物（纸张等），制作上述"版"的作业就称为"制版"。印版的种类共有凸版、凹版、孔版和平版 4 种，现在最常见的胶版印刷（offset printing）即是平版的一种，其特征为印版不会直接接触纸张。不同的版，成品的质感也会不同，应视需求来选择。

装订、裁切

印刷好的纸张经过折叠可制成"书帖"，然后依照页数排序进行"配页"程序，再根据装订工序进行"装订"。装订工序分成书封与内页大小相同的"平装本"和书封坚硬且略大于内页的"精装本"，两种工序内容各有不同。"表面处理"等后加工也在此阶段处理，用以增加印刷品的质感。

如何区分 CMYK：
四色印刷、双色印刷的原理

不论是用于彩色印刷的四色印刷，还是用于印制传单和表现艺术感的双色印刷，两者都是将原始图像分解成 C、M、Y、K 各色，再层层叠印。

何谓四色印刷

四色印刷，是通过 C（Cyan＝青）、M（Magenta＝洋红）、Y（Yellow＝黄）、K（Black＝黑）4 个颜色的油墨重现各种色彩。根据"减色法"理论，只要以不同比例混合三原色 C、M、Y，即可调配出所有颜色。然而实际上，仅有 3 色并不足够，因而加入 K。从彩色原稿提取 C、M、Y、K 各色的色彩元素，称为"四分色法"。根据分色叠印 4 种颜色的油墨，就能重现与原稿相同的色彩。通常，四色印刷都是先经过分色再进入四色印刷程序。

四分色原理

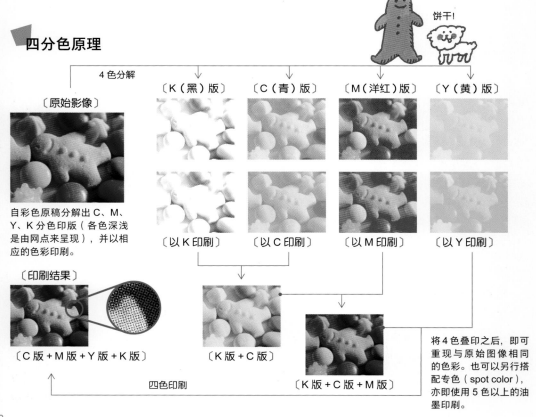

饼干!

4 色分解

〔原始影像〕 〔K（黑）版〕 〔C（青）版〕 〔M（洋红）版〕 〔Y（黄）版〕

自彩色原稿分解出 C、M、Y、K 分色印版（各色深浅是由网点来呈现），并以相应的色彩印刷。

〔以 K 印刷〕 〔以 C 印刷〕 〔以 M 印刷〕 〔以 Y 印刷〕

〔印刷结果〕

〔C 版＋M 版＋Y 版＋K 版〕 〔K 版＋C 版〕 〔K 版＋C 版＋M 版〕

四色印刷

将 4 色叠印之后，即可重现与原始图像相同的色彩。也可以另行搭配专色（spot color），亦即使用 5 色以上的油墨印刷。

何谓双色印刷

相较于四色印刷，双色印刷的印版数仅一半，所以能够降低预算。尽管色彩数量较少，却能够达到比四色印刷更震撼的效果，所以经常用于呈现艺术感。此外，双色印刷分为"双色调"（duotone）和"二分色"两种方法。双色调法是以两种不同的颜色叠印出灰阶影像，用以加强单色影像的立体感。二分色法是从经过四分色的影像任选两色，再利用所选择的双色印版重现接近原始图像的形象。

双色调的原理

两个印版分别为"硬调"和"软调"，用以改变图像的风貌，通常会以黑色印版当作硬调的主印版。即使是 256 阶的灰阶，只要经过双色叠印，同样能呈现出层次分明的渐层。

〔原始图像〕　　〔硬调〕　　〔软调〕　　〔软硬兼具〕

二分色的原理

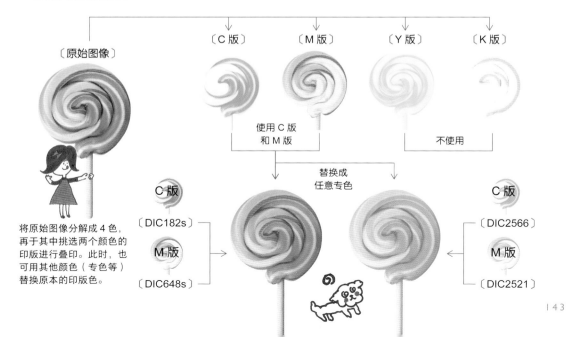

〔原始图像〕

〔C 版〕　〔M 版〕　〔Y 版〕　〔K 版〕

使用 C 版和 M 版　　　　不使用

替换成任意专色

将原始图像分解成 4 色，再于其中挑选两个颜色的印版进行叠印。此时，也可用其他颜色（专色等）替换原本的印版色。

C 版　〔DIC182s〕

M 版　〔DIC648s〕

C 版　〔DIC2566〕

M 版　〔DIC2521〕

③ 以印版类型分类：
简单介绍 4 种印刷方式

基于将油墨转印至承印物的印版类型（版式），印刷方式共可分为 4 种。掌握各印刷方式的特征，并根据印刷媒体选用最适合的方式非常重要。

平版印刷（planographic printing）

平版印刷的特征是印纹（黏附油墨的部分）和非印纹几乎处于同一平面上。印刷前，先以润版液沾湿印版表面再涂上油墨，就可以利用油水相斥的原理，让仅有印纹部分沾上油墨。以前，平版印刷是版面直接接触纸面的印刷方式，不过现今的主流已是胶印，亦即先将油墨转印至橡皮滚筒，再借由压力滚筒印刷至纸上。这种方式很适合高质量印刷，是目前商业印刷最主要的印刷方式。由于印版不会直接接触纸张，所以油墨不会晕染，即使遇到纸张平滑度不佳的情形，也有机会克服。此外，因为使用的是铝制金属版，所以制版容易。

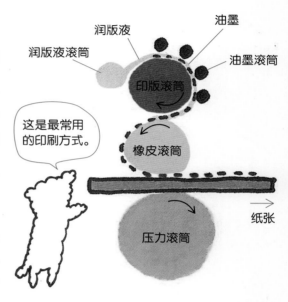

这是最常用的印刷方式。

轮转印刷机

采用滚筒状的印刷用纸，且双面可同时印刷。因速度快而适合大量生产，所以经常用于印制报纸和杂志等。

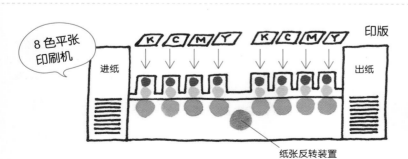

8 色平张印刷机

采用已裁切成标准尺寸的平张纸，并执行双面印刷。待正面印刷完毕后，再通过反转装置将平张纸翻转至正确方向，接着印刷反面。

凹版印刷（intaglio printing）

　　将油墨填入下凹的印纹的印刷方式。首先，将整个印版涂满油墨，并以刮刀刮除非印纹，再将残留于下凹部分的油墨转印至纸张等承印物。由于属于直接印刷，所以印版纹路为左右相反。凹版印刷能够借由下凹纹路的深浅和大小来呈现细腻层次感，很适合用于印制图片。除此之外，其油墨在印刷后即迅速干燥，因此也适合印制册数庞大的彩色杂志。

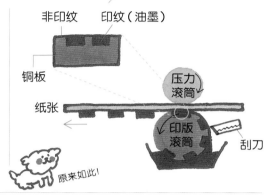

网版印刷（screen printing）

　　将印版上的印纹部分镂空，使油墨通过网孔转印至承印物的方法。制版时，在网状的支撑物（网版）涂满感光剂，再将制版底片（正片）覆盖其上进行晒版作业，使非印纹的部分硬化，接着将感光剂冲洗掉，油墨能从网孔渗透，以达到印刷目的。当承印物为玻璃、金属或塑料等材质，或为瓶状、罐状等曲面，又或有浮出效果等特殊印刷需求时，大多会采用网版印刷。

虽然颇为费时，不过网版印刷能够完成多种特殊印刷哟！

凸版印刷（relief printing）

　　以凸出的印纹沾墨，并通过加压将印版上的油墨直接印到纸张等承印物上。由于印版直接接触纸张，所以能够在纸张留下凹痕或墨水较厚的边缘，给人强而有力的印象，也经常用于印制漫画杂志等粗面纸。凸版印刷源自15世纪末出现的金属活字印刷术，当时是用字字分开的铅字组合成印刷用的版，因而也称为"活版"。

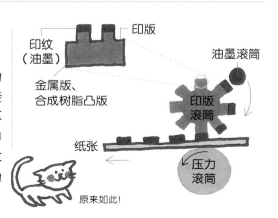

④ 闪亮、凹凸、富有手感……
通过实例，了解印刷加工

能够借由印刷呈现的特殊加工包罗万象，搭配平版印刷使用，即可打造出高附加价值的印刷品。以下是清楚详尽的实例说明。

UV[注] 凸字印刷

"UV 印刷" 所采用的 UV 油墨需通过紫外线来固化和干燥，而 "UV 凸字印刷" 是 "UV 印刷" 的变形，利用透明油墨，使印刷品表面呈现立体感。尽管以网版印刷的形式处理，能够让油墨达到约 300 微米，但还是不太适合处理太细小的部分。需注意，纸张相叠时可能造成色彩摩擦沾染，纸张弯曲也可能导致龟裂问题。

成本 ▶ 四色平版印刷的 3 倍左右　　工期 ▶ 约四色平版印刷的 2 倍时间　　工序 ▶ 底色印刷后

[注] UV: ultra-violet ray，紫外线。

浮出印刷

由美国 Virko 公司开发的印刷方法，在想要隆起的地方印刷黏合剂，再撒上遇热即会融化且膨胀的粉末。不适用于耐热性不佳的纸种，擅于表现纤细的线条和点，除了透明之外，也可以呈现专色、金银珠光、亮粉等质感。表面有独特的凹凸感。

成本 ▶ 四色平版印刷的 1～2 倍左右　　工期 ▶ 四色平版印刷的 1～1.5 倍时间　　工序 ▶ 底色印刷后

烫金

使用经过电化铝或色膜处理且背面涂有黏合剂的 "烫金纸"，并借由金属版加热与加压来转印至印刷品上。除了纸张之外，烫金也可以运用在皮革和塑料上，还能够叠加压凹凸（embossing）效果，成品具有华丽的光泽，十分醒目。

成本 ▶ 四色平版印刷的 3 倍以上　　工期 ▶ 四色平版印刷的 2 倍时间以上　　工序 ▶ 底色印刷后

植绒印刷

先通过网版印刷印上黏合剂，并利用静电使纤维方向一致地附着于其上，借此将短纤维植入印刷面。除了金色和银色尚无法克服之外，其他颜色都可以使用，因此能够打造出动物皮草和草地等多种质感。此印刷不适用于印制细线，有不耐摩擦以及弯折时容易受损等缺点，请特别注意。

成本▶四色平版印刷的 3 倍以上　　工期▶四色平版印刷的 1～1.5 倍时间　　工序▶底色印刷后

3D 立体印刷

可用于将印刷品粘贴在塑料柱面镜上，以呈现立体图像，或是使印刷物在以不同角度观看时，会显示不同的内容。如要呈现立体图像，需要从拍摄阶段就使用专用相机，并以高分辨率印刷，因此必须尽早开始规划。

成本▶四色平版印刷的 3 倍以上　　工期▶约四色平版印刷的 2 倍时间　　工序▶底色印刷后

引皱印刷

为采用透明油墨的 UV 印刷之一。利用专门的 UV 照射机，使油墨表面和内部的固化速度不一，借此在表面形成类似绉布的纹路，宛如毛玻璃和冰花般的独特质感，极具魅力。若采用高级涂布纸、金属纸、PP[注] 加工等让底色具有光泽，所呈现的效果最佳。

成本▶四色平版印刷的 3 倍左右　　工期▶四色平版印刷的 1～1.5 倍时间　　工序▶底色印刷后

[注] PP：polypropylene，聚丙烯。

磨砂印刷

在具有光泽的承印面上，通过网版印刷印上特殊的雾面油墨，打造出类似铜版蚀刻画的凹凸感，并让印有油墨的非光泽面呈现下凹的质感。由于这种技术仅适用于金属、玻璃、PET[注] 等镜面材质，所以若要使用在传单等，必须选用合成纸。

成本▶四色平版印刷的 3 倍左右　　工期▶四色平版印刷的 1～1.5 倍时间　　工序▶底色印刷后

[注] PET：polyethylene terephthalate，聚对苯二甲酸乙二醇酯。

⑤ 香香的、亮亮的，而且还能吃?！
通过图解，学习印刷加工

印刷加工的种类丰富多元，有些印刷乍看之下难以察觉，其实是采用特殊方式和特殊油墨印刷的，有些印刷则是能随着施加动作或改变环境而呈现不同的样子。请参考以下图解来了解其原理。

柔版印刷

采用具弹性的树脂或橡胶制凸版，以及水性或UV 油墨。印刷压力小，对于表面略为凹凸不平的材质和软包装等也能胜任。柔版印刷经常用于印制瓦楞纸箱、包装和贴纸，随着精确度提升，如今已能进行全彩印刷。此外，也可应用在使用 UV 油墨的防伪加工。

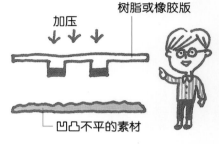

成本 ▶ 等同或少于四色平版印刷　　工期 ▶ 等同或少于四色平版印刷　　工序 ▶ 印刷中

刮刮膜印刷

利用特殊油墨印刷的部分，可以用硬币等物品刮下，借此显现下方的印纹。此加工是先印制完整的印纹，再以特殊油墨和上光油（varnish）等叠印要隐藏的部分。尽管刮刮膜以银色最为常见，不过也可以是金色或铜色。为了使隐秘性达到最好，必须考虑到底色和刮刮膜的配色，并且避免透光。

成本 ▶ 四色平版印刷的 1 ~ 2 倍左右　　工期 ▶ 四色平版印刷的 1 ~ 1.5 倍时间　　工序 ▶ 底色印刷后

香味印刷

将内含香料的微胶囊（microcapsule）混入油墨再行印刷的方式。香味除了现有的果香、花香、食物香气等，也可以指定特殊气味。印刷方式共有两种，分别是香气鲜明持久的网版印刷，以及节省成本的平版印刷。使用上，请记得确保有足够的印刷面积，并且多加考虑香味和印纹之间的叠加效果。

成本 ▶ 四色平版印刷的 1 ~ 2 倍左右　　工期 ▶ 约四色平版印刷的 2 倍时间　　工序 ▶ 底色印刷后

夜光印刷、隐形印刷

夜光印刷是将照射光线 30~60 秒即可持续发光 1~10 小时的颜料溶入印刷油墨之中，并且采用网版印刷法。隐形印刷也是采用类似油墨，该油墨仅在用黑光灯（black light lamp）照射时才会显现，经常运用在防伪用途上。使用时必须确保印刷面积够大，如此才能拥有效果足够的亮度。

成本 ▶ 四色平版印刷的 1~2 倍左右　　工期 ▶ 四色平版印刷的 1~1.5 倍时间　　工序 ▶ 底色印刷后

感温变色印刷

所使用的油墨中含有添加了特殊染料的微胶囊，仅在特定温度区间才会显色。显色温度区间可以自由选择，约为 10℃，经常应用在食品温度管理上。不过精度方面，液晶仍略胜一筹。颜色共有黄、洋红、蓝、黑等，有时会有耐旋光性和耐热性不佳的问题，请多加留意。

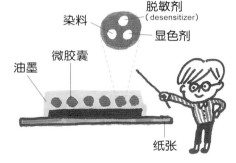

成本 ▶ 四色平版印刷的 1~2 倍左右　　工期 ▶ 四色平版印刷的 1~1.5 倍时间　　工序 ▶ 底色印刷后

食品级印刷

基于食品卫生管理法，将仅以食品或食品添加物制成的油墨，印刷至食品上。除了食用色素之外，近年来也越来越多人使用天然色素，例如想要黑色时，就使用竹炭或墨鱼汁等。关于上色方式，除了先将印纹印刷至以魔芋等制作的薄膜再转印至食品外，也可采用喷墨打印的方式。

成本 ▶ 四色平版印刷的 3 倍以上　　工期 ▶ 四色平版印刷的 2 倍以上时间　　工序 ▶ 食品制作后

点字印刷

点字印刷可以通过压凹凸、树脂印刷、发泡印刷等各式各样的方法实现，其中又以交期短、耐久性佳且可以少量生产的 UV 印刷最占优势。点字印刷需采用点字专用的油墨，对印刷尺寸、隆起高度、硬度等，业界已定有标准规格，必须预先向印刷厂确认是否能够依循该规定印制。

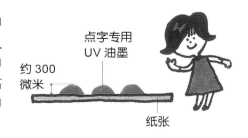

成本 ▶ 四色平版印刷的 3 倍左右　　工期 ▶ 约四色平版印刷的 2 倍时间　　工序 ▶ 底色印刷后

⑥ 你想不到的都有！
了解特殊油墨及印后加工

除了第 146 — 149 页介绍的印刷方法以外，还有各式各样的特殊印刷和加工方法。
本章集结特殊油墨和后加工中较为基本的项目，并通过实例来说明。

发泡油墨

内含发泡剂，加热就会膨胀。共分为网版印刷专用和凹版印刷专用两种，也经常用于印制金属和布料。雾面质感和独特的触感为其魅力所在，而缺点则有不耐摩擦和压力、容易结块（blocking）、无法用于不耐热材料等，使用上请多加注意。

成本 ▶ 四色平版印刷的 3 倍以上　　工期 ▶ 四色平版印刷的 2 倍以上时间　　工序 ▶ 底色印刷后

荧光油墨

内含添加了荧光颜料的微胶囊，拥有高明度和高饱和度，效果十分引人注目。它也适用于平版印刷，经常应用在杂志封面上。使用高亮度（brightness）纸张，或是采用原色、实色设计，最能发挥其最大功效。如需使油墨浮出或进行叠印时，请留意荧光油墨耐旋光性不佳的问题。

成本 ▶ 四色平版印刷的 1～2 倍　　工期 ▶ 等同于四色平版印刷　　工序 ▶ 印刷中

金色、银色、珠光油墨

油墨中含有铜、铝、云母片等金属或矿物微粒，能够赋予印刷品金属质感和高级感。这类油墨也适用于平版印刷，而且能与印刷色或专色油墨叠印。由于其色彩和质感包罗万象，实际效果请参考色卡。

成本 ▶ 四色平版印刷的 1～2 倍　　工期 ▶ 等同于四色平版印刷　　工序 ▶ 印刷中

覆膜上光

以 UV 胶为黏合剂所进行的薄膜转印式光泽加工。覆膜上光的种类丰富，包含亮膜、雾膜、凹凸膜、镭射膜等，由于无须印模，所以费用有时比烫金更低。其优点包含表面强度高，废纸可回收，也能局部加工或以其他油墨叠印其上。

成本 ▶ 等同或低于 PP 加工　　工期 ▶ PP 加工的 1 ~ 1.5 倍时间　　工序 ▶ 底色印刷前后

模切

利用刀模在纸上打洞的裁切方法。不只能完全凿穿，也可以形成撕线或压痕。由于刀模是以薄型不锈钢制成，所以形状变化十分自由。不过，假如细节过多，可能导致裁切不全等情形。此外，刀模之间至少需距离 3mm 以上。

成本 ▶ 需开模所以成本相对较高　　工期 ▶ 所需时间较短，视模具而定　　工序 ▶ 印刷后

压凹凸

将纸张等夹于打凸版的公母模之间并加压，借此使印纹凸出，可借由搭配其他印刷方式来呈现丰富效果。为了避免加工后出现变形，最好选用具有厚度及韧性的纸张。另外还有名为"素压印"（blind embossing）的相似手法，素压印是利用金属版加热和加压，使承印物表面在产生质感变化的同时下凹。

成本 ▶ 需开模所以成本相对较高　　工期 ▶ 所需时间较短，视模具而定　　工序 ▶ 印刷后

表面处理的必要性

各种印刷加工中，最常进行的就是表面处理，例如杂志和书籍的书封、书衣以及纸袋等，尤其经常使用"PP 上光膜"。PP 上光膜是以热压方式在纸面裱贴极其薄透的聚丙烯薄膜，除了打造表面质感（亮面或雾面）之外，还能保护印刷面免于脏污和染色，以及提升强度和防水性。价格略低一些的树脂上光和塑料上光也能够提供类似的效果。因此，除了从设计角度思考之外，请将表面处理的实用面和保存面也列入考虑。

⑦ 正式印刷前的试印：
色彩校正的种类和检查重点

检查印刷色调的步骤称为色彩校正。除了色相，也要注意网点印纹部分，例如是否有出现错网（moiré fringe）、网花（rosette），以及细小的彩色文字等，仔细地进行色彩校正。

色彩校正的种类

传统打样

　　使用实际印刷时的印版、印刷机和纸张，印刷少量样本并校正。尽管价格偏高，但随着 PS 版的价格下降以及印刷自动化，传统打样的使用门槛已降低不少。由于能够重现与正式印刷相同的质量，适合应用在讲求色彩精确度的情况。此外，因为速度快，打样可达数十张。

用纸 ▶ 实际用纸　　　　　　　　速度 ▶ 快
网点 ▶ 真实重现　　　　　　　　价格 ▶ 偏高
与实际印刷品的色调比较 ▶ 相同

平台式打样

　　使用正式印刷的油墨和纸张，以及打样专用的版和印刷机，质感和网点重现几乎等同于正式印刷。但机器构造和印刷速度皆不同于正式的印刷设备，故色调无法和正式印刷完全相同，因此这类打样更像是印刷公司的印刷质量保证。随着 CTP 与 DDCP 的普及以及上机打样价格的降低，传统打样日渐式微。

用纸 ▶ 实际用纸　　　　　　　　速度 ▶ 略快
网点 ▶ 真实重现　　　　　　　　价格 ▶ 偏低
与实际印刷品的色调比较 ▶ 接近

高阶 DDCP（实际用纸）

　　DDCP（Direct Digital Color Proofer，直接数字彩色打样机）是将 DTP 文件直接输出成样张的数字打样专用机。高阶 DDCP 的配色精确度高，能够稳定地重现色彩，对于网点的重现能力同样十分出色。但是，其输出费时且单价高，不适合打样数量多的情况。最大输出尺寸为 B2。

用纸 ▶ 实际用纸　　　　　　　　速度 ▶ 慢
网点 ▶ 真实重现　　　　　　　　价格 ▶ 高
与实际印刷品的色调比较 ▶ 几乎相同

中阶 DDCP（打样专用纸）

　　采用打样专用纸的 DDCP。尽管网点、文字、色调的呈现皆比不上高阶 DDCP，但是用在色彩校正已经足够。专用纸方面也有尽可能接近实际用纸的纸张可供选用，例如印刷面有上色且平滑度高的涂布纸，以及带有粗糙感的雾面纸等。不过，倘若是使用模拟网点的机器，就无法确认是否有错网、网花、平网等质感，请务必留意。

用纸 ▶ 打样专用纸　　　　　　　速度 ▶ 略快
网点 ▶ 几乎重现　　　　　　　　价格 ▶ 偏高
与实际印刷品的色调比较 ▶ 几乎相同

喷墨打样

这是指利用喷墨打样机输出打样数据的DDCP。近年来，由于质量提升且在成本面占有优势，以此方式来进行色彩校正的公司越来越多。喷墨打样仅能大致重现网点，无法进行准确的校正，必须多加注意，而目前部分机种已经可以提供检查错网的功能。这种方式成本较低，因此也很适合办公室的环境。

用纸▶打样专用纸　速度▶略慢
网点▶大致重现　价格▶偏低
与实际印刷品的色调比较▶接近

软打样

此为不输出纸本样张，直接在荧幕上预览，进行色彩校正。由于能在网络上统一管理校正内容，所以不仅成本低，还得以节省时间和寄送手续。只要能改善颜色管理可信度及系统管理困难等问题，未来很有机会成为色彩校正的主流。近年来，报纸和部分杂志已经开始采用此打样方式。

用纸▶未使用　速度▶快
网点▶无　价格▶低
与实际印刷品的色调比较▶有色差

色彩校正的种类

图片确认

- 印版是否套印失准
- 确认图片状态和平网的显色
- 上下左右、正反面、裁切是否正确
- 渐层、对比是否正确重现

文字确认

- 数字是否正确
- 字体、大小、位置是否一致
- 页码是否正确
（若是送至印刷厂集稿等以暂时页码交付印刷档的情况，需标注正确的页码。）
- 文字校对时的修正是否已切实订正

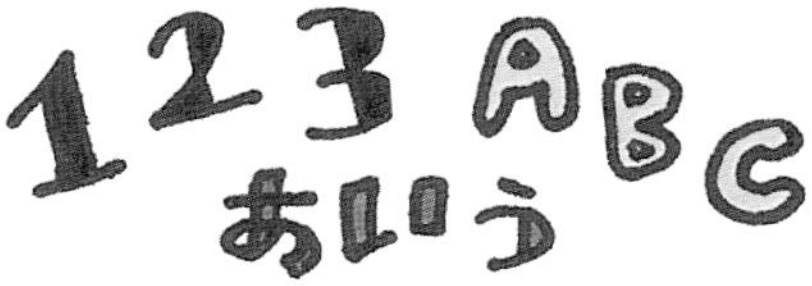

版面确认

- 确认是否有图片仍保留完稿线，是否有裁切到字或出血位不足等情形。

通过样张实例来了解

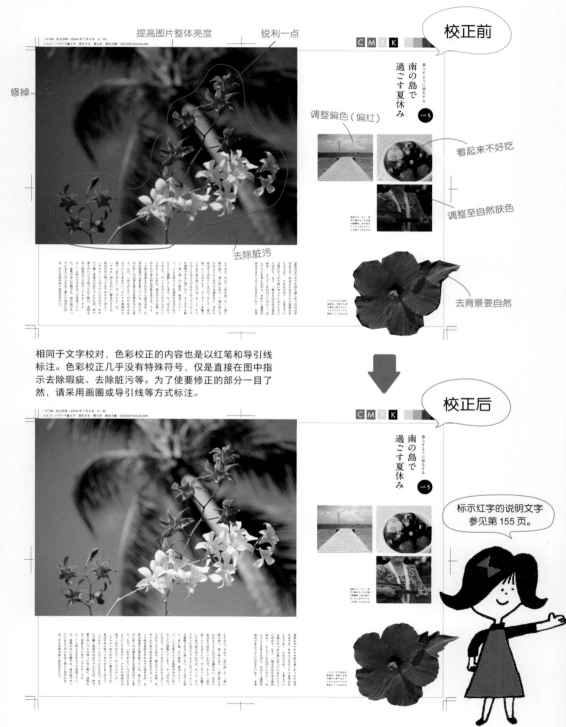

提高图片整体亮度

锐利一点

校正前

修掉

调整偏色（偏红）

看起来不好吃

调整至自然肤色

去除脏污

去背景要自然

相同于文字校对，色彩校正的内容也是以红笔和导引线标注。色彩校正几乎没有特殊符号，仅是直接在图中指示去除瑕疵、去除脏污等。为了使要修正的部分一目了然，请采用画圈或导引线等方式标注。

校正后

标示红字的说明文字参见第155页。

留意套印失准

假如图片看起来失焦、色彩和预期大不相同，或是出现错网等，很有可能是因为 4 个颜色的印版在叠印时没有对准。这种情况下，应该可以在图片边缘看到某个色版的颜色超出范围。

锐利一点

当画面感觉缺乏层次感时，或是想让细节更清晰，只要写下此指示，即可提升锐利度和对比度。倘若原始图像本来就失焦或分辨率不足，就难以有效改善，请特别注意。

调整色偏（偏红）

整个图像偏向特定色调的状态就称为色偏。标注时，需注明"偏红"等要调整的色调。出现有这种情况可能是数码相机的白平衡效果不佳，或是印刷时的灰色平衡（gray balance）不佳。

调整至自然肤色

人像会吸引观看者的注意，所以肌肤的色调尤其要留意。当肌肤因为青色或黑色过多而显得灰暗，或是出现过红等情形时，即需注明如何修正，也可以标注"调整至自然肤色"。

提高图片整体亮度

不慎以曝光度不足的图像交付印刷文件的时候，即需要标注此指示。假如误标，可能造成图像中的亮部曝光过度，因此请务必仔细确认亮部的颜色是否饱和度过高。

去除脏污

在样张上出现油墨喷渍或多余黑点等情形时标示。最近，此类脏污大多是因为数码相机的电荷耦合器（CCD）有所污染。在极少数情况下，可能并非脏污，而是由于下层有异物，请多加注意。

看起来不好吃

这句话的意思是让食品看起来美味一点，不过这样的描述太过抽象，不符合色彩校正指示的标准。请具体描述要求，例如提升饱和度（颜色鲜艳一点）、提高对比度、强调光泽的极高光（catchlight）等。

去背景要自然

标示于图片去背景边缘不够平滑、没有去干净等情形。此问题的解决方法：提升去背景线条的精确度和圆滑度，或者使去背景线略吃进拍摄对象的外缘内侧以完美去除背景。

如何精确地告知色彩的修正方法？

色彩校正的指示应当让每个人都能够理解，而且做出的判断不会因人而异，这点非常重要。譬如，不要使用"再轻柔一点"这类抽象形容，而是明确地指出"请降低对比并提高明度"。假如能附上具体的色卡或色样会十分有帮助。倘若不知道该怎么写，只要将想要的质感和呈现效果效果告知印刷厂的 PD（印刷总监，printing director）或业务负责人，那就万无一失了。

订正指示的用词要简单易懂喔！

记得要具体描述　嗯嗯

⑧ 页面顺序编排错乱？
印刷中不可或缺的拼版

制作书册形式的印刷品时，通过"拼版"作业将多页分配在同一张印刷纸上，就能有效率地印制大量页面。让我们一同来了解其基本原理吧！

拼版的种类

在印制书籍的时候，假若一页一页印，效率很差，所以业界是用一大张纸一口气印制多页，之后再通过折纸和裁切等加工分成多页。为了让装订时的页面顺序正确，就需要以"拼版"作业来分配页面位置。拼版大致可分为两类。"双面套印"是指一张纸的正反面各印 8 面，正反两面使用的印版不同，总共可印 16 面。"左右轮转"一样是正反面各印 8 面，但是使用同一块印版，所以一张纸可印两份同样的 8 面印刷品。

拼版机制

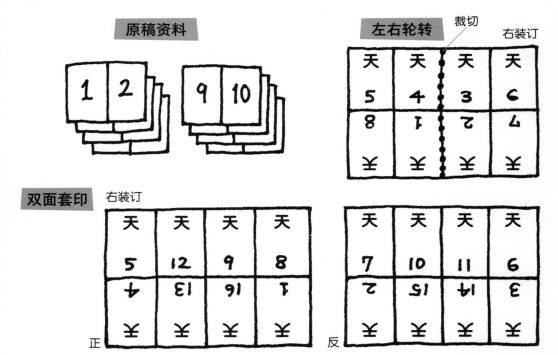

拼版

以印于一张全纸的页数（通常是16页），作为将书本所有页面分批的单位，在页面分批完成后，分配好页面的一张全纸即称为1帖。将各帖内容制作成一览表，即称作拼版示意图，等于是书籍制作的设计图。

排版方向和
书口边折线

文字为横式排版时，书本的装订线在左；竖式排版的装订线在右。因此，装订线在左时，书帖的书口边折线位于书本的上方；装订线在右时，则位于下方。

书帖折法

印有多页的纸张，必须折叠成"书帖"才能够装订。其折法有一定的规则，若是预先裁切成同一大小的"平张纸"，通常会采用"十字折法"。正反共16面的双面套印，会将页数最小的页面置于左下角，然后由右往左折叠，接着再往顺时针方向转90度，并且再次由右往左折叠。若是16面的印刷品，此操作总共需重复3次。而采用滚筒状"卷筒纸"的轮转印刷机本身就具备裁切和折纸功能，折叠顺序不同于"十字折法"。

对书刊品质和成本影响重大！
了解印刷用纸的丝向和利用率

印刷用纸的丝向（纸张纤维的方向）如果弄错了，装订后书册可能会不好翻阅，务必多加注意。此外，若想借助适当的拼版来控制成本，印刷品和纸张尺寸的适合标准也非常重要。

纸张丝向分为纵向与横向

纸张是以长纤维交缠组合而成，不过在制造上，纤维主要还是会朝同一个方向，沿着该方向，不论撕或折都比较容易，这就称为"丝向"。印刷品的纸张丝向取决于印刷用纸的裁切方式。丝向平行于长边时称为"纵纹纸"，垂直时称为"横纹纸"；当丝向平行于装订线，称作"顺丝向"，垂直时称作"逆丝向"。逆丝向的书本可能导致展开不易，或是书口不平整等问题。

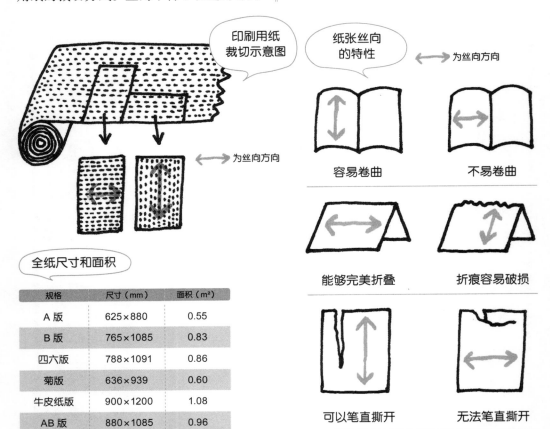

印刷用纸裁切示意图

纸张丝向的特性

↔ 为丝向方向

↔ 为丝向方向

容易卷曲　　不易卷曲

能够完美折叠　　折痕容易破损

可以笔直撕开　　无法笔直撕开

全纸尺寸和面积

规格	尺寸（mm）	面积（m²）
A 版	625×880	0.55
B 版	765×1085	0.83
四六版	788×1091	0.86
菊版	636×939	0.60
牛皮纸版	900×1200	1.08
AB 版	880×1085	0.96

全纸利用率

"全纸利用率"是拼版在印刷用纸上的分布状态。对于印刷用纸，除了最后成为印刷品的部分以外，还必须包含印刷机结构上所需的"咬口"和留白，以及裁切时会被切下的裁切边界。依循这些要求来决定成品尺寸、印刷用纸和拼版方法，就能以最少帖数，进行低损耗的高效率印刷。

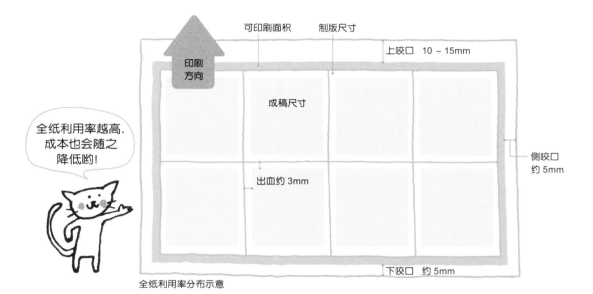

可印刷面积　制版尺寸

印刷方向

上咬口　10 ~ 15mm

成稿尺寸

出血约 3mm

侧咬口约 5mm

下咬口　约 5mm

全纸利用率分布示意

全纸利用率越高，成本也会随之降低哟！

范例　四六版纵纹或 B版纵纹的全纸，刚好可以印制16页B5（双面则32页）。

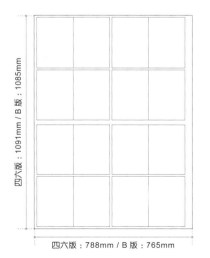

四六版：1091mm / B 版：1085mm

四六版：788mm / B 版：765mm

范例

A版纵纹或菊版纵纹的全纸，刚好可以印制16页A5（双面则32页）。

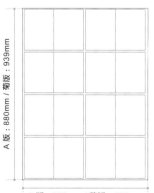

A 版：880mm / 菊版：939mm

A 版：625mm / 菊版：636mm

A 版印刷品就用 A 版（或菊版）全纸，B 版就用 B 版（或四六版）全纸，这样利用率和效率都能达到最大值喔！

先记下来，对日后帮助多多！

琳琅满目，难以抉择？
印刷用纸的种类及用途

纸张的种类多不胜数，除了外观和质感之外，印刷容易与否（印刷适性，print-ability）也各有不同。为了能够在媒材中选择最适合的纸张，首先应掌握各印刷用纸的特性。

印刷用纸的种类

一般印刷用纸可以分成非涂布纸、涂布纸、轻量涂布纸、特殊纸4大类。纸是通过纤维的交缠制造而成，其主要原料为木材纸浆，另有添加提升纸质的填料，这种纸张称为非涂布纸，表面粗糙、白度（雪白的程度）低。而在非涂布纸涂上涂料，可形成表面平滑且白度较高的纸张，即涂布纸和轻量涂布纸。无法归类于上述三种的，则属于特殊纸。需配合制作的媒材要求，仔细考虑想要的成品样式及成本，再挑选最适合的纸张。

非涂布纸

表面无涂料的印刷用纸。由于平滑度低且会让色彩显得暗淡，所以不适合彩色印刷，尤其是相片等。另一方面，因为没有多余光泽，所以阅读起来温和不伤眼，主要应用在以文章为主体的印刷品和单色印刷上。纸浆共有两种，分别是借助机器处理木材或碎木片所制成的机械浆，以及以化学方式处理的化学浆，根据两者混合比例可分成A～D 4个等级。

涂布纸

所谓的涂布纸，是将涂料涂在道林纸（A级）和中级纸（B级）上，借此提升白度、吸墨性（absorbency）和平滑度。涂料的厚度越高，显色越佳，经常用于印制海报和目录册等彩色印刷品。根据作为基底的纸和涂布量，可以再区分成不同等级的铜版纸等，此外也有哑面（matt）、亮面（gloss）、消光（dull）等纸张的表面处理。

轻量涂布纸

在以道林纸和中阶纸为基底的涂布纸中，每1m²双面涂布量在12g以下的纸张。根据作为基底的纸和涂布量，还可分为高级轻涂纸、轻涂纸1～3级共4个等级。由于其兼具印刷适性佳和重量轻等优点，所以多用于杂志、DM、传单等印刷品。轻涂纸大多偏薄，务必注意是否有透印（strike through）问题。

特殊纸

不属于非涂布纸、涂布纸、轻量涂布纸的纸张皆称为特殊纸，色纸、邮政明信片、证券、色纸、美术纸等都属于特殊纸。色纸经常使用于书名页和扉页。美术纸有各种不同的颜色和纹理等设计和质感，常用于包装和书本装帧等。

纸张平滑度

印刷面平滑，光就能够规则反射，显得较有光泽。反之，平滑度不佳会引起光线散射，导致光泽感降低，饱和度也随之下降。

亮面、哑面、消光

亮面的表面光滑、光泽感强烈；哑面乃利用表面的凹凸不平降低光泽和饱和度；消光则是仅降低白纸部分的光泽，印有油墨的部分仍带有光泽。

纸张种类真是包罗万象呢！

印刷用纸的种类

	大分类	小分类	特征	用途
印刷用纸	非涂布纸	高级纸（道林纸）	白度 75% 以上	书籍 / 教科书 / 海报 / 商业印刷
		中级纸	白度 65% 以上	书籍 / 教科书 / 杂志、文库本内页
		低阶印刷纸	白度 50% 以上	杂志内页 / 电话簿 / 传单等
	涂布纸	铜版纸（A1）	双面涂布量约 40g/m²，基纸为高级纸（道林纸）	高级美术书 / 杂志书封 / 月历 / 海报 / 折页广告等
		高级涂布纸（A2）	双面涂布量约 20g/m²，基纸为高级纸（道林纸）	高级美术书 / 杂志书封 / 月历 / 海报 / 折页广告等
		铜西卡纸	加厚的铜版纸	风景图画明信片 / 卡片 / 高级包装等
	轻量涂布纸	高级轻量涂布纸	白度 79% 以上，双面涂布量 12g/m² 以下	型录、传单等商业印刷 / 杂志内页等彩色印刷 / DM 等
		轻量涂布书籍用纸	白度较低，可读性佳，双面涂布量 12g/m² 以下	杂志内页 / 彩色页面 / 传单
	特殊纸	美术纸	具备独特颜色或纹理的特殊纸	包装 / 书本装帧、扉页 / 书衣 / 书腰
		其他	规格视用途而定	彩色铜版纸 / 邮政明信片 / 证券 / 地图 / 卡片等
纸板		白纸板	单面或双面为白色的层压纸（laminated paper）	食品、日常杂货的包装等
		黄纸板	以废纸、麦草为主原料的黄色层压纸	精装本书封的芯板 / 礼品纸盒 / 包装
		灰纸板	以废纸为主原料的灰色层压纸	纸容器 / 贴合用 / 芯材 / 保护板

质感、价格、显色：
如何挑选印刷用纸

印刷品给予使用者的印象，是油墨产生的色彩、承印物（纸）的颜色及质感加持之下的综合效果。如想呈现预期中的效果，纸张的选择至关重要。

琳琅满目的印刷用纸

印刷用纸种类繁多，不止有第160－161页所介绍的基本印刷用纸。其中，最常使用于印刷和书籍设计的有借由颜色或质感提升附加价值的美术纸、厚而坚固的纸板（厚卡纸等）、用于裱褙的布类、以树脂制成的合成纸等。相较于一般印刷用纸，这类纸张能轻易展现独特的存在感和设计感，然而，

倘若用法不当，也会成为自我陶醉的印刷品，无法将要传达的信息切实送出。除此之外，这类纸张也比一般印刷用纸更需要注意印刷适性、交期和价格。请务必考虑以上各点和纸张的特性，配合印刷品用途挑选最适合的纸张。

◤ 考虑到完成品的用途

印刷品是用以传达内容的容器和基础。涂料厚的"高级纸"不一定是最佳选择。摄影集、小说等所传达的内容性质不同，适合的纸张自然也就不同。

◤ 考虑到完成品的外观

例如，陈列于卖场时外观是否醒目、是否精美？是否看起来物超所值？拿起来的手感和重量是否令人感觉良好？印刷品本身的魅力会因为纸张选择而改变，销售情况也会受到影响。

若想尽可能如实传达相片和插图等图像，涂布量多、表面平滑且富光泽的纸张，所能重现的色域最广，最为合适。而对于以文字为主的印刷品则最好选用光泽度较低的纸张，文字能清晰易读，长时间阅读双眼不易疲惫。

如想着重表现质感和触感，不妨选用美术纸，因为美术纸内含独特纤维，或是在抄纸阶段即印有花纹，能够使纸张别具风格。此外，厚度也会影响书籍给读者的印象，例如重量或质感等，希望书本厚一点时，可以选用偏厚且偏松的松厚纸款，或是轻量涂布纸。

考虑到预算、印刷和装订适性

一般印刷用纸的价格几乎和涂布量呈正比，涂布量高的美术纸的价格则高。此外，有些特殊纸很容易发生表面纸粉粘在印版上，或是油墨透印到反面等问题；有些则是折叠时容易破损、黏胶难以附着等，造成装订不易，进而影响交期及成本。因此，最好提早咨询印刷公司。

印刷用纸的单位

单位	说明
令（ream，R），张数的单位	最常见的交易单位。日本的一般印刷用纸 1 令为 1000 张，纸板则是 100 张。数量和价格分别称为"令数"和"每令价格"。少量购买或特殊纸会以单张为基本交易单位，此时，数量和价格分别称为"张数"和"每张价格"。
令重、磅数 = 全开纸 500 张的重量（磅）	四六版、B 版、菊版等标准尺寸 1000 张（1 令）的重量。若要以 0.1mm 的精确度来测量纸张重量实为困难，因此，令重是为了得知纸张重量的标准计量。纸张样本中，除了标示实际的令重，通常也会提供"四六版换算"，亦即换算成以四六版为基础的令重，用以与其他纸类相较。
基重 =1 张纸 1m² 的重量（克 / 平方米）	纸张重量的基本单位。就算是同样的纸（种类、厚度皆同），只要尺寸不同，令重就会随之改变。所以在指定纸张的时候，不能只标注"○kg"，而是要说明"○○版○kg"，否则就可能误订厚度错误的纸张。不同于令重，就算尺寸改变，只要是同一种纸张，基重就相等。
每千克价格 = 纸张 1 千克的价格（元 / 千克）	如同令，重量也是纸张的基本交易单位，在表示或比较价格时，尤其常以每千克价格为基准。不过，在每千克价格相等的情况下，纸张越厚，张数就越少，单价也越高，请特别注意。另外，尽管根据重量制定的价格不会像依据尺寸的定价般变动，然而，同种类的纸中，偏厚或偏薄款式的每千克纸价可能较高，这反映了抄纸时的成本。

*日本印刷用纸计算单位及说明。

同种类的纸，四六版 110kg 和 A 版 70.5kg 哪个比较厚呢？

答案是厚度相等。

好神奇!

令重简表

基重（g/m²）	令重 (kg)			
	四六版	B 版	菊版	A 版
薄　81.4	70.0	67.5	48.5	44.5
84.9	73.0	70.5	50.5	46.5
104.7	90.0	87.0	62.5	57.5
127.9	110	106	76.5	70.5
厚　157.0	135	130.5	93.5	86.5

*适用于日本的纸张令重简表。

就算是同样的纸（种类、厚度皆同），只要尺寸不同，令重就会随之改变，所以在与其他规格的纸张比较时，必须换算成基重。公式为"令重（kg）÷[长（m）× 宽（m）× 1000]"，令重简表参考起来十分便利。

书帖如何变成一本书：
了解基础装订工序

装订工序通常是排在设计师工作完结之后。然而，装订方式会影响版面设计的呈现，譬如拼版及装订位的边界等，所以设计师也必须具备基本知识。

精装本的工序

　　所谓精装本，是指书封与内页分别制作，然后再通过"扉页"黏合彼此，使内页和书封合二为一。书封（包含书背）多是以布料等材料包覆厚纸板制成，坚硬的书封保护的不只是书本的正反面，还包括书首、书根和书口，所以会比内页略大一些。书封与

内页大小不同是精装本独有的特征，多出的部分称为"飘口"。精装本还可根据装订样式进一步区分为"圆背"和"方背"等。内页以最费力耗时但最不易损坏的"锁线胶装"来装订。

书背上胶

涂—涂—涂!

将书帖由上往下用力压平，并于书背背侧上胶固定。

3

三面裁切

整理好内页和衬页后，依照书籍尺寸裁切出书首、书根和书口等 3 边。

分身术!

加油! 加油!

4

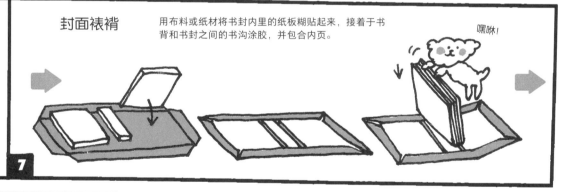

封面裱褙

用布料或纸材将书封内里的纸板糊贴起来，接着于书背和书封之间的书沟涂胶，并包合内页。

嘿咻!

7

完成！

如此一来圆背精装本就完成了。

太棒了! 完成了!

10

精装本特有的装饰

　　保存性高的精装本，多数都有十分讲究的装饰细节。例如在内页书背上下的书头布，虽然尺寸不大，却能左右整本书的风貌。此外，常见装饰还有书口染色、布面书封的烫金或素压印等。请多加观察，作为日后精装书设计的参考。

平装本的装订方法是先将内页装订完成，接着包上书封，然后再根据书籍尺寸进行除了书背以外的三面裁切，制成的书封和内页尺寸相等。相较于精装本，平装本的工序简化不少，而且从配页、装订、黏书封，到三面裁切等步骤，皆可由机械自动化一并处理，所以成本相对经济，除运用在文库本等书籍之外，也广泛适用于杂志、目录册等商业印刷品。装订方式方面，尽管也会使用相同于精装本的"穿线胶装"，不过通常还是以仅用胶固定的"无线胶装"和"破脊胶装"，以及用铁线装订的"平钉""骑马钉"为主。

无线胶装

先将内页的书背整体磨掉 3mm 左右，再通过铣背（milling）在书背增加刮痕，加强胶的附着力。由于没有使用缝线或铁线，所以虽然简便，但是不够坚固。

破脊胶装

内文的书背部分开有槽孔，让胶能够渗透，进而加强附着力，然后再用胶固定书背与书封。由于没有把书背全部磨掉，所以比无线胶装坚固，但是费用也较高。

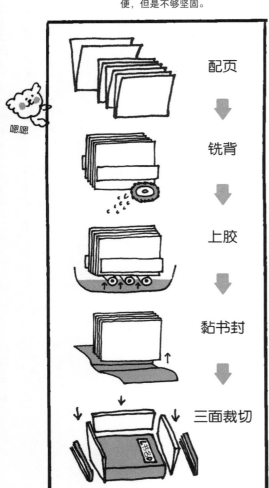

配页

铣背

上胶

黏书封

三面裁切

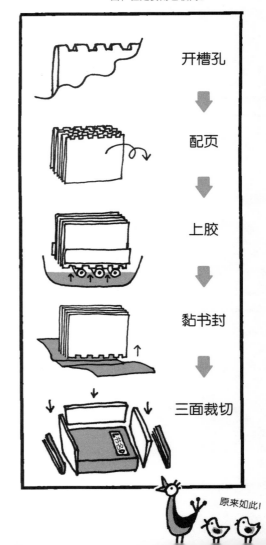

开槽孔

配页

上胶

黏书封

三面裁切

原来如此！

热熔胶（hot-melt adhesive）

平装本的内页和书封是以树脂类的"热熔胶"来黏合。热熔胶遇热会熔化，回到常温则硬化，因此能够加快装订速度。

书帖、配页

印刷完成的纸张依照书籍开本大小折叠后，就称为书帖；而按照正确顺序排列书帖的动作，就叫作配页。

平钉

如同用订书针将文件集结固定一般，用铁丝在书帖装订线侧的 2 ～ 3 处固定。尽管这种方式很牢固，但是从书背向内 5mm 左右的装订范围（binding margin），版面内容会被遮住，排版时需注意。

骑马钉

将书封和内页一起配页，并以铁丝在对开两页的书帖中间折缝处订合。必须注意的是，骑马钉能够订合的页数有限，而且页数多的时候，书本最内层和最外层的内页尺寸会有差异。

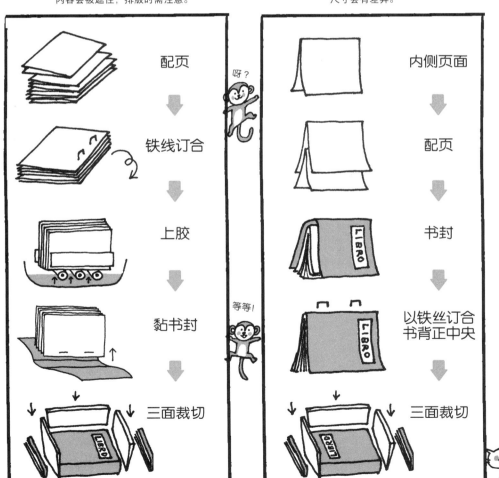

配页

↓

铁线订合

↓

上胶

↓

黏书封

↓

三面裁切

内侧页面

↓

配页

↓

书封

↓

以铁丝订合书背正中央

↓

三面裁切

呀？

等等！

喵~

一定要仔细确认!

正 4? 反 4? 全都糊里糊涂……
看懂印刷报价表

懂得如何控管印刷费用才能成为独当一面的设计师。最常见的印刷价格的算法是"以工序分类的单价 × 数量",一起来学习如何看懂报价单吧!

25K(210mm × 148mm)硬皮精装本 160 页全彩 2000 册的报价单范例

* 编注:下表以台制 1 令 500 张计算,价格仅供参考。

		制版	色数 / 种类		数量	单价	金额
印前	扫描		图片一批		200	10 元	2000 元
制版	内页、拼版		160 页 正 4 反 4c	正、反面的印刷色数。4c 表示 4 色,亦即全彩;1c 表示单色;0c 表示不印刷。	40	800 元	32000 元
	书衣		正 4 反 0c		4	800 元	3200 元
	书封		正 4 反 0c		4	800 元	3200 元
印刷	内页		160 页 正 4 反 4c		20.4 令	120 元	19584 元
	护封		正 4 反 0c		1.4 令	400 元	2240 元
	书封		正 4 反 0c		1.4 令	400 元	2240 元
加工	护封		亮 P		0.7 令	2000 元	1400 元
装订	硬皮精装本		封面制作、精装上机,锁线胶装 + 衬页		2000 本	25 元	50000 元

	项目 / 纸张	规格	丝向	令重	数量	单价	金额
纸张	内页 / 雪白画刊	四六版	横丝	70.5 千克	20.4 令	2200 元	44880 元
	护封 / 涂布纸	菊版	横丝	86.5 千克	1.4 令	6000 元	8400 元
	书封 / 铜西卡纸	菊版	横丝	167 千克(240μ)	1.4 令	6000 元	8400 元

在通过令重表示纸张厚度的同时,也标明其厚度的具体数值。μ 为 μm(微米)的简写,千分之一毫米。

未含税合计 177,544 元

各项目之说明

〔印前费用〕

以前,DTP 的制版包含诸多步骤,例如扫描机分色、加网(screening)、拼小版等。现今这些多利用 DTP 软件来处理。拼版费用、色彩校正费用,以及根据委托内容产生的相片 RGB 转 CMYK、去背景、润饰、修改等服务费用,皆包含在内。

〔制版费用〕

用于制作印刷用版(PS 版)的费用。在 CTP 制版已经普及的现今,印版费用主要包含 RIP(光栅图像处理器)费用、输出费用、PS 版费等。即使印刷册数改变,这部分的费用仍固定,所以所印册数较少时,这部分所占的比例就会提高。

〔印刷费用〕

印刷费用包括印刷开始之前的"固定费用"及根据印刷数量变动的"每车单价",前者包含套印(registering)、油墨调整、配色、纸张设定等作业。车数和所印色数成正比,使用专色时,有时会出现换版费用。

〔加工费用〕

加工费用中,最常见的就是树脂上光和 PP 上光等表面加工费用。除此之外,模切、开孔等印后加工也经常被纳入此费用中。如同印刷费用,表面处理费用也不包含备用量,而是完全依照实际成品数量来计价,请特别留意。

〔装订费用〕

除了书本的装订、书封加工等费用之外,有时也会包括各式单页印刷品的裁切、折纸加工等。假如是书本类,内页所采用的纸非标准尺寸,而是极厚或极薄的纸张,又或是纸张尺寸非标准规格,都会造成此部分费用增加。

〔纸张费用〕

假如册数增加,费用会与增加的部分等比例上升;数量若超过 5000 册,纸张费用就会占印刷费用的一半以上。估计用量时,除了所需成品数量之外,也将把印刷和加工失败的量(损耗量)估算进去,以确保备用纸的数量足够。

附录

- 准备清单及交付印刷稿的确认事项
- 掌握 4 大重点：聪明地做好文件管理
- 疑问、疑难杂症：Q&A 问答集
- 文件扩展名一览表

接下来要介绍的各种事项，希望大家能记下来哟！之后的设计创作工作会经常用到！

交稿不出错
再也不用
担惊受怕！

准备清单及交付印刷稿的确认事项

为了让排版完毕的数据能够正确印刷，设计师必须在制作印刷档时确保万无一失，并且在交稿时给印刷厂适当的指示说明。交稿前，请务必确认以下重要项目。

准备项目之一

排版文件

- [ ] 是否为全部修正完毕的最终文件？
- [ ] 打印稿是否和文件一致？
- [ ] 文件是否完整？（逐项确认参见第171页）
- [ ] 文件规格与文件内容是否一致？

交付的印刷档主要有两种类型！

原文档	PDF 档

排版文件　　图片链接　　西文字体

仅需 PDF 档

将由排版软件制成的文件直接交给印刷公司，就属于原文档交稿，包括排版文件、图片链接以及排版文件中使用的字体如西文字体等，都需要一并提供。

目前的主流是以 PDF/X 格式交付印刷档，PDF/X 是专为印刷量身定做的文件格式，它不仅能通过 InDesign 和 Illustrator 导出，还能直接将图片文件和字体嵌入 PDF 之中。

图片链接

☐ 链接图片的链接是否有效？图片是否为最新状态？

使用〔链接〕面板确认所配置的图片是否全部链接正确。

☐ 图片的分辨率是否合适？

印刷上，一般需要 350dpi 以上的分辨率。分辨率的确认请于 Photoshop 上进行。

☐ 图档格式是否适合印刷？

除 Photoshop 或 Illustrator 的原生格式及 TIFF 格式之外，不建议使用其他格式，请特别注意。

色彩模式

☐ 链接图片的色彩模式是否合适？

嵌入版面的图片应先转换成 CMYK 色彩模式后再行使用。

☐ InDesign 上的对象是否有使用到 RGB 色彩模式？

确认以 InDesign 建立的对象，是否出现 RGB 和 Lab 色彩模式同时存在的问题。

☐ Illustrator 的色彩模式是否为 CMYK？

在建立 Illustrator 文件时，若色彩模式设定为 RGB，最终成品的颜色会受到影响，请务必留意。

☐ 印刷色数是否符合排版软件及图片的色彩模式？

确认未使用到 CMYK 以外的颜色，也确认使用色没有超出印刷公司指定或 Japan Color 的色域。

色彩

☐ 是否在四色印刷（CMYK）中使用到专色？

确认没有使用到 InDesign 和 Illustrator 的专色色卡。

☐ 是否误将要反白物件设定成叠印模式？

物件的填色和线条，以及段落线框等若设定为白色，在叠印模式之下就不会被印出来。

☐ 纯黑色的部分是否正确设定为叠印模式？

利用〔输出〕的〔属性〕面板检查 K = 100 的对象是否已正确设定为叠印模式。

字体

☐ 是否不慎使用到旧格式的字体？

如需使用建立于老旧电脑环境中的文件，必须确认其格式是否能正确输出。

☐ 是否使用到印刷公司不支持的字体？

系统默认字体中有些是无法印刷的，切勿使用它们。

打印稿

☐ 所打印的是否为最终文件？

☐ 所打印的页面是否有遗漏？

☐ 裁切线是否都有标记上？

☐ 透明和叠印是否正确？

以元素分类！

打印稿的确认事项

雀跃

就快交付印刷稿了，汪！

◤ 排版

☐ 对象是否移位？
确认图片是否超出框架、对象是否偏离该在的位置……

☐ 出血范围足够吗？
确认应出血的对象是否全部延伸到裁切线。

◤ 文字、页码

☐ 文字是否溢出框架？
确认内文和图注是否全部在框架内。

☐ 文字排版是否移位？
确认有无出现不符合中英文混排和避头尾设定的状况。

☐ 有无页码位移或遗漏等情形？
确认从目录直到最后的页码都正确，是否出现页码位移、漏页码等情况。

☐ 文字信息是否相符？
确认人名、联系信息、版权信息等是否皆正确。

◤ 翻页方向

☐ 是否符合翻页方向？
确认文字排版和装订方向是否正确、左右对开的位置是否正确。

印刷工作单（通常是由客户或出版业者提供）

- [ ] 印刷方法是否指定正确？
- [ ] 印刷册数是否正确？
- [ ] 成品尺寸是否无误？
- [ ] 工期和交货地点是否如实填写？

准备项目之四

文件规格表（输出指南）

- [ ] 软件的版本是否正确？
- [ ] 输出文档的名称是否明确填写？
- [ ] 是否已附上所使用的字体？
- [ ] 文件格式是否适用？

表面处理的必要性

用来检查所制作的档案是否有不完备的地方。InDesign 除了会在文件制作过程中自动预检之外，在将文件打包的时候也会进行。另外，导出为 PDF 格式文件，则可利用 Acrobat 指定其应遵循的规格，并确认所使用的油墨和色彩设定是否合适。

InDesign 在文件制作过程中会自动进行预检。此外，通过〔印前检查〕面板也可以检查文字溢出等情形。

掌握 4 大重点:
聪明地做好文件管理

进行妥善管理,避免版面制作过程中和交付印刷档时出现问题,并且做好重新交付文件和再版的准备。除此之外,文件也必须清楚明了,即使换了一个人,也能立刻上手。

重点 1

"至少有 2 个储存位置"

计算机文件务必备份,务必做好文件损毁的应变措施。备份不应仅储存在硬盘或DVD内,而是必须在多处地方保存相同的版本。如此一来,就算其中一处损毁,也能马上复原。

善用便利功能!

苹果电脑 Mac OS X 系统内有名为"时间机器"(time machine)的备份功能,它会依照所设定的时间点,定时进行差异备份(differential backup),并且能够按照时间序列追溯及恢复文档。

可以回到过去的文件喔!

哔哔哔

〔时间机器(time machine)〕
time machine 是自 Mac OS X 10.5
开始提供的功能,备份硬盘可通过
系统环境设定来指定。

重点 2

"建立作业用文件及
保存用文件"

当版面制作工作和校对工作不断累积时，不妨在一个段落之后，另存整个文件，若文件不幸损坏或操作错误时，能够恢复存档当时的状态。尤其是进行校对时，最好能在另存新文档的时候，在文件名中注明校次等。

锵!

重点 3

"区分图层"

制作错综复杂的版面或繁复图片时，将文字、图像和特定对象等置于不同图层并个别管理，可让修正工作轻松不少。在多人同时作业等情况下，利用图层来管理对象，将有助于减少错误、提高作业效率。

就像这样
区分图层。

重点 4

"文件名就该一目了然！"

排版文件和所使用的图片文件名，都应清楚明确。当校对作业超过1次时，建议在文件名最后标明校次，若是有更换图片等情形，也可列出有更改的页数等。假如只是在文件名最后加注符号，不仅会造成混乱，还可能导致输出时出现问题。

到底是哪个？

疑问、疑难杂症：Q&A 问答集

文件制作
印刷档篇

有些知识之前
竟然不知道呢！

Q1 何为"仅供定位图片"？

A 用以指示版面位置的假资料。

用于确认图片内容的假数据即为仅供定位图片，简称 FPO（for position only）。FPO 通常分辨率低，有时会在设计过程中替换成实际图片。交付印刷档前记得确认是否还有 FPO 残留。

Q2 何为"完稿"？

A 相当于 InDesign 的打包文件和 PDF/X 格式等文件。

尽管对于完稿尚未有明确定义，不过一般指整个印刷过程使用到的所有文件，包含图片和字体的 InDesign 打包文件（package），以及交付印刷档时的 PDF/X 格式等文件。

Q3 收到"麻烦提供 COMP"的要求，不过 COMP 究竟是什么？

A 供确认设计完稿的样本。

COMP 是 comprehensive layout（版样详图）的缩写，是为了能具体查看设计概念所制作的样本。COMP 中，但凡图片的印纹、字体、尺寸和位置等，需尽可能地接近成品，借此令参与者对成品样式有共同的概念。

Q4 该如何"以较低版本储存"（降存）？

A 降存可能会让文件产生问题，故不推荐。

关于降存方法，Illustrator 可在存盘时的〔Illustrator 选项〕对话框指定版本；InDesign 则可利用〔文件〕菜单的〔储存为〕功能，储存成 idml 格式（CS4 及之后）或 inx 交换格式（CS4 以前）等较低版本的兼容文档。

Q5 有哪些字符最好不要出现在文件名中？

A 符号中，有些字符不得使用，有些则不推荐使用。

除了不得为系统所使用的字符串之外，米字号、全角符号、半角片假名等都尽量不要使用。有时，为配合备份装置的规格，仅使用字节最安全。

Q6 有什么办法可以解决文字乱码的问题？

A 开启文件时，利用编辑软件指定编码。

操作系统等环境因素，可能会造成文本文件的编码异常或无法开启等情形。多数编辑软件只要在开启档案时变更编码，即可解决此问题。

Q7 无法用 RGB 图像来交付印刷档吗？

A 只要工作流程有所制定就可以。

以前的确禁用 RGB 图像，不过，只要编辑、设计 / DTP、印刷等所有阶段都能正确处理的话，即使是 RGB 图像也没有问题。然而，此时就必须具备色彩管理和输出等相关知识。

虽然大家都觉得那是理所当然的知识，但"我就是不懂！"可是在自身立场上，又不能直接问出口。那些现在问起来会觉得丢脸、看似初阶的问题，全都集结在本单元。

Q8 制作档案时该如何设定专色？

A 可以使用专色的色卡，或是在个别图层调配。

一种方法是直接指定色卡中的专色油墨。假如色彩尚未决定，则需另建图层，与 4 色印刷色区隔开来，然后再以 CMY 调配所需色彩。交稿时，务必将使用专色的要求告知印刷公司，并指定专色色卡。

Q9 有人请我"将透明效果栅格化（rasterization）"，那是……？

A 意指将施加在图像的效果全部转换为栅格化。

有部分特效称为透明效果，例如"阴影"及"斜角和浮雕"等，而以往的工艺流程无法直接输出这类效果。利用 Illustrator 的〔对象〕菜单中的选项，即可合并透明度。

Q10 字体要去哪里购买？

A 店面和网络上都能买到。

与一般的软件相同，字体也能前往店面或上网购买。许多字体供货商皆有提供以年费形式授权使用的服务，只要缴交年费，即可于该年内使用其发行的所有字体。

Q11 只有电脑预设字体就做不了工作吗？

A 不能说是不可行，但是从现实层面来看的确不可行。

计算机的默认字体中，虽然也有一些能应用于一般印刷。然而，种类实在不多，所以在设计表现上十分有限。若是要运用在版面设计工作上，还是要添购字体比较妥当。

Q12 何谓系统字体？

A 作业系统用于显示在系统界面上的字体。

所谓系统字体，基本上指的是操作系统使用于系统接口上的字体。不过，其中也有能够运用在印刷作业的选项。只要字体格式符合，就可以安心使用。

Q13 Mac 和 Windows 之间的字体是否相容？

A 部分字体相容，部分不相容。

只要是 OpenType 就能同时在 Mac 和 Windows 使用，但可能会有其中几个字的形状不同，或是字距因为系统不同而产生差异等。

Q14 OTF 和 CID 的差异？

A 可显示的字符类型和字距等有所不同。

OTF 和 CID 拥有的功能几乎一样，两者的不同之处在于 OTF 的文字间距功能较 CID 多元。除此之外，OTF 还有另一项特征，亦即其内含的字符数量（字符）比较丰富。

Q15 交付印刷档之后，对方告知"有无法支持的字体"……

A 可通过变更字体解决，或是对字体创建轮廓。

不过，字体改变，文字排版有时也会随之变动，也许会导致文字不能完全显示。另外，对文字创建轮廓后，就无法再对文字进行修正，档案也会因此变大，可能会导致印刷时出现预期外的错误。

印刷篇

至今问不出口的问题由我来解说！

Q1 何谓"粘页"？

A 粘页是指油墨自印刷面剥落的现象。

印刷完毕的纸张会叠在其他已干燥的纸上，假如油墨未完全干燥就会相互粘连，在分开粘连纸张时也会导致油墨剥落，这就是粘页。因此，油墨切勿使用过量。

Q2 何谓"错网"？

A 在印制特定纹路时发生干扰性条纹（interference pattern）。

印刷是通过极其细小的网点重现印纹，假如网点和图片的印纹出现互相干涉现象，就可能形成一定的纹路。有时候，只要对图片的角度或尺寸进行极小的调整，即可解决此问题。

Q3 色彩浓度若只有1%或2%，是否印得出来？

A 一般情况下，建议以5%为单位设定。

相同于线条和文字大小，印刷能够呈现的浓度会因印刷机的精确度而改变。在制作档案时，以5%作为CMYK浓度最小单位比较保险，而且有时肉眼也无法辨识小于5%的差别。

Q4 何谓"干燥色差"（dry down）？

A 印刷后，因为干燥而产生的色彩变化。

印刷用的油墨有时需花一段时间才能完全干燥，而且干燥前后可能有些许色差。尽管大多会将其控管在可接受范围内，但是较深的颜色和某些纸张特性，还是有可能发生此情况。

Q5 看印的工作内容有哪些？

A 请再次针对色调，以及之前订正的地方做最后确认。

印刷监工指的是到印刷作业现场，针对印刷品的完成情况进行最终确认。一般是确认色调，以及检查之前订正的地方是否有遗漏，因此除了修正遗漏之处以外，不得要求新的变更。

Q6 何谓"反印"和"透印"？两者不一样吗？

A 透印为油墨渗到反面，反印为油墨转印到相互重叠的面。

油墨渗透纸张，以至于从反面也看得见正面的文字和印纹，这就称为"透印"。而"反印"则是在油墨尚未全干之前就叠上其他纸张，导致油墨转印至其他纸张的情况。

Q7 好想降低印刷成本！

A 不妨同时向多家印刷公司询问报价，或是在纸张挑选上下功夫。

为了降低印刷成本，任谁都会考虑是否该减少所使用的油墨数量，不过建议先向多家印刷公司询价，或是改用同质感、同触感，但单价较低的纸张。

Q8 能够印刷清晰的线条粗细和文字大小？

A 请避免 0.1mm 以下的线及 6Q 以下的文字。

关于印刷能够输出的线条粗细和文字级数最小值，会因为RIP（光栅图像处理器，Raster image processor）的特性和印刷机种而异，所以无法一概而论。不过一般而言，不建议线宽小于0.1mm，也不建议文字小于6Q。使用Illustrator时，因为其预设线条会随着对象缩小而变细，所以经常发生没有注意到线条过细的情况。此外，有时也会发生只设定框线填色，而在未设定线条粗细的情况下便送印的情况。在上述情况下的线条皆属于极细线，原本就没办法输出。假如转存成PDF/X档再印，就能够加以确认，但是在InDesign和Illustrator里，除非检查〔描边〕面板的数值，否则无法发现问题。文字方面，由于人的肉眼看得到的极限就是6Q，所以就算印刷有办法印出更小的字也没有意义。在缩小对象的时候，请检查是否不慎选到线条或文字。

Q9 何谓"调频加网"？

A 利用网点密度表现浓度的高精密印刷。

一般印刷属于调幅加网（AMS，amplitude modulation screening），是利用网点大小分别呈现 CMYK 的浓淡。调频加网（FMS，frequency modulation screening）采用的是调频技术，并以网点密度来控制色彩浓淡。FMS 的优点在于它是用网点密度来重现渐层，能够实现高精密印刷，呈现逼真的金属质感，还能以平滑阶调重现人物肖像的肌肤等，渐层也完全没有色调分离（posterization）的现象。此外，不同于 AMS，FMS 没有所谓的网点角度，所以不会发生错网等问题。在印刷时，虽然 FMS 也没办法彻底避免套印失准，但其受到套印失准影响的概率极低。然而有一段时间 FMS 的模拟印版质量不稳定，有时无法良好地呈现中间调等的平网，因此一直无法普及，目前也还在寻求解决中。

Q10 印刷后，文字颜色和底色之间出现白边！

A 有可能是因为印刷时套印失准。

若文字的颜色并非 K = 100，而是有其他色彩，就可能发生文字边缘与底色交界处透出白底的情形。在 InDesign 中，若使用名为"黑色"的色卡，就会自动设定为叠印（overprint）底层油墨模式，即使发生套印失准，文字和底色之间也不会出现白边，但若是将其他颜色用于文字上，就不会自动叠印。印刷时，一般只要是黑色印版以外的色版就不会进行叠印，所以只要套印失准，就很可能出错。只要设定叠印色彩模式，即可有效避免此情形。不过，就算档案上有设定叠印，有时印刷公司也会因为想避免出问题而取消叠印设定。因此，若有设定叠印，务必利用〔视图〕菜单的〔叠印预览〕模拟实际的输出结果，以确认印刷成果。除此之外，若在 K = 100 以外的地方也设定了叠印，一定要预先告知印刷厂。

Q11 原本应只用黑色单色来制作，结果却收到以 4 色处理的账单。

A 应该是因为所使用的黑色其实是由CMYK互相调配而成。

光是使用的油墨数量就足以导致印刷费用上升。明明是黑色单色印刷却变成 4 色印刷，很可能是档案使用的黑色并非 K = 100，而是以 CMYK 调配而成的复色黑。原本只有在所需黑色无法通过 K = 100 来呈现时，才用复色黑来表现色彩的浓厚感及深度。在 InDesign 中，只要使用预设的黑色色卡就万无一失。而在 Illustrator 中，除了 K = 100 的色卡之外，另有 CMYK 所有色版皆为 100％的色卡，不过此为裁切标记的专用色卡，不应用于其他对象。所以，为了预防出错，建议利用 InDesign 或 Illustrator 的〔分色预览〕面板分别显示各色版，来确认是否不慎使用别的颜色。

是不是获益良多啊？

汪！

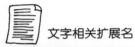

经常用到的扩展名齐聚一堂!

文件扩展名一览表

设计师处理的文件不限于文字和图像。以下是经常使用到的扩展名及其说明。

文字相关扩展名

扩展名	说明
.txt	纯文字档
.rtf	能保留文字格式的文字档
.xls	Excel 档
.pdf	Adobe Systerms 公司 Acrobat 开发的 PDF 档
.xml	使用可扩展标记语言XML（extensible markup language）的文件，内含标签（tag）
.doc	Word 档
.ppt	PowerPoint 档
.jtd	一太郎档[注]
.csv	以逗号分隔的文字档

[注]"一太郎"是由日本 JustSystems 发行的日文文字处理软件。

 字体相关扩展名

扩展名	说明
.otf	OpenType 字体
.dfont	Mac OSX 专用的 TrueType 字体 Data Fork Font 的缩写
.ttf	TrueType 字体

 图像相关扩展名

扩展名	说明
.eps	EPS 格式的图档
.jpg .jpeg	JPEG 格式的图档
.bmp	Windows 标准位图格式的图档
.tif .tiff	TIFF 格式的图档
.pct	PICT 格式的图档
.png	PNG 格式的图档

 DTP 软件相关扩展名

扩展名	说明
.psd	Photoshop 档
.qxd	QuarkXPress 档
.indd	InDesign 档
.indl	InDesign 库
.idml	InDesign 标记语言
.ai	Illustrator 档

网站相关扩展名

扩展名	说明
.htm .html	用以描述网页的文字档，内含标签
.js	JavaScript 档
.swf	Flash 动画档
.css	掌管 HTML 档外观的样式表文件
.fla	Flash 源文件格式档
.cgi	网页服务器上，用以让 CGI 执行的脚本

 文件压缩相关扩展名

扩展名	说明
.sit	以压缩软件 Stuffit 保存的文件
.sitx	以压缩软件 Stuffit 7.0 及更高版本保存压缩后的版本文件
.zip	ZIP 格式的压缩档
.tar	使用基于 UNIX 的实用程序创建的归档文件
.lzh	LHA 格式的压缩档
.hqx	苹果 Mac 计算机创建的二进制到十六进制的文本文件

 影片相关扩展名

扩展名	说明
.avi	Windows 经常使用的影片档
.prproj	Premiere Pro 的项目档
.mov	QuickTime 的影片档
.ra	使用 RealAudio 编码压缩的音频文件

 声音相关扩展名

扩展名	说明
.aif .aiff	音频互交换文件，Silicon Graphicand Macintosh 软件的声音格式
.wav	存储声音波形的数字音频格式
.midi	用以控制遵循 MIDI 通讯协定之声音的格式
.mp3	数字音频压缩格式
.ram	以 RealAudio 建立的声音档
.au	Sun Microsystems 为 Unix 平台开发的一种音频文件格式

 Windows 相关扩展名

扩展名	说明
.exe	Windows 的执行程序
.ini	使用于 Windows 的配置或初始化文件

作品来源：

第 146 ~ 147 页 ● UV 凸字印刷：2008 年度凡达设计研究所影像设计学部（2008 年度バンタン映画映像学院）学校简介　CL（广告主）：凡达设计研究所影像设计学部　CD（创意总监）：金松滋　AD（艺术总监）、D（设计）：佐藤直子　DF：METAMO（メタモ）　编辑：榑林优 ● 浮出印刷：丸红鞋业（丸红フットウェア）展示会简介　CL：丸红鞋业　CD、AD、D：中嶋裕治　CD、CW（文案）：追川知纪　CW：大久保恭子　D：堀田麻美　CG（计算机绘图）：畠山裕二　PH（摄影）：小栗广树　A（广告代理商）：博报堂　DF、SB：博报堂 PRODUCT'S（博报堂プロダクツ）　PD（印刷总监）：油石浩史 ● 烫金：2008年度竹尾纸张展览会（TAKEO PAPER SHOW 2008）FINE PAPERS by "SCHOOL OF DESIGN" 邀请函　CL：竹尾　CD：古平正义 / 平林奈绪美 / 水野学 / 山田英二　AD：水野学　D、DF、SB: good design company（グッドデザインカンパニー） ● 植绒印刷：Recruit HR Marketing 东海公司简介（リクルート HR マーケティング东海）　CL: Recruit HR Marketing 东海　CD：近藤亘　AD、D：平井秀和　CW：安田有美香 I（插图）：尾崎仁美　PH：浅野彰英　A: RECRUIT MEDIA COMMUNICATIONS（リクルートメディアコミュニケーションズ）　DF、S: Peace Graphics（ピース・グラフィックス）　印刷：水野重治（Cosmo creative [コスモクリエイティブ]） ● 3D 立体印刷：夏日问候卡（Summer Greeting Card）　CL、DF、S: SCUDERIA（スクーデリア）　AD：前田义生　CW：瀬上昌子　D：服部绫　印刷：新日本工业 ● 引皱印刷：折页广告　CL: KINETIQUE（キネティック）　AD、S: 大岛依提亚　I: 上杉忠弘 ● 磨砂印刷：Under Lounge 局部改装通知 DM　CL: GRAND GROUP　DF、S: OPERATION FACTORY（オペレーションファクトリー）　第 150 ~ 151 页 ● 发泡油墨：东洋 FPP 样本 发泡油墨 ● 荧光油墨：《60 年代末的时尚流行》（Late 60s Fashion Style）封面 PIE BOOKS（ピエ・ブックス）出版 ● 金色、银色、珠光油墨：《免费纸的战略与设计》（フリーペーパーの戦略とデザイン）封面 PIE BOOKS 出版 ● 覆膜上光：WATER CYCLING 2008 年月历　CL: PARADOX CREATIVE（パラドックス・クリエイティブ）　CD、CW：铃木猛之　AD：永田武史　PH：中岛宏树　D：新津美香 / 石见美和 / 广瀬豊　DF: E（イー） ● 模切：《入会・入学说明图像设计》（入会・入学案内グラフィックス）封面 PIE BOOKS 出版 ● 压凹凸：东京瓦斯（TOKYO GAS）商品折页广告　CL：东京瓦斯　AD、D：川崎惠美　PH：小川重雄　A: URBAN COMMUNICATIONS（アーバン・コミュニケーションズ）　DF、S: andesign（アンデザイン）

参考资料：

柳田宽之 编著《DTP 印刷 设计的基本知识》（DTP 印刷 デザインの基本）玄光社 / 伊达千代 著《偷窥设计人的笔记》（デザイン、现场の作法）MdN Corporation（エムディエヌコーポレーション）/ 伊达千代 内藤 TAKAHIKO（内藤タカヒコ）山﨑澄子 长井美树 合著《设计 不懂就麻烦了的现场新常识 100》（デザイン知らないと困る现场の新常识 100）MdN Corporation（エムディエヌコーポレーション）/ 设计现场（デザインの现场 – Designers Workshop）编辑部 编《印刷与纸》（印刷と纸）美术出版社 / Far, Inc.（ファー・インク）编《平面设计必备工具书》（グラフィックデザイン必携）MdN Corporation

---

* 本书涉及软件的内容，主要是以 Photoshop CS6 & CC 2017、Illustrator CS6 & CC 2017 及 InDesign CS6 & CC 2017 来解说。

Originally published in Japan by PIE International
Under the titleデザイナーズ ハンドブック　これだけは知っておきたいDTP・印刷の
基礎知識
（Designer's Handbook: Kore-dake-wa Shitte-okitai DTP/Innsatsu no Kiso-chishiki）
© 2012 PIE International
Illustration © NODA Yoshiko
Original Japanese Edition Creative Staff:
企画・デザイン　公平恵美（PIE GRAPHICS）
執筆　アリカ / オブスキュアインク / 佐々木 剛士 / フレア
イラスト　のだ よしこ
編集　斉藤 香
Simplified Chinese translation rights arranged through PIE International, Japan

图书在版编目（CIP）数据

设计师一定要懂的基础印刷学 / 日本 PIE International 编著；
古又羽译 . — 广州：岭南美术出版社，2023.5
ISBN 978-7-5362-7720-5

Ⅰ . ①设… Ⅱ . ①日…②古… Ⅲ . ①印刷—生产工艺
Ⅳ. ① TS805

中国国家版本馆 CIP 数据核字（2023）第 039382 号

著作权合同登记号：图字19-2023-032

责 任 编 辑　　刘 音　岑雨桑
实 习 编 辑　　刘佩婷
责 任 技 编　　谢 芸

设计师一定要懂的基础印刷学
SHEJISHI YIDING YAO DONG DE JICHU YINSHUAXUE

出版、总发行	岭南美术出版社 （网址：www.lnysw.net）	
	（广州市天河区海安路19号14楼 邮编：510627）	
经　　销	全国新华书店	
印　　刷	深圳市和谐印刷有限公司	
版　　次	2023 年 5 月第 1 版	
印　　次	2023 年 5 月第 1 次印刷	
开　　本	787 mm × 1092 mm　1/16	
印　　张	12	
印　　数	1–3500 册	
字　　数	120 千字	

ISBN 978-7-5362-7720-5

定　　价　　129.00 元

下次见!

出 品 方	广州三度图书有限公司	插 画	NODA YOSHIKO
企划、设计	公平惠美（PIE GRAPHICS）	编 辑	斉藤香
执 笔	ARIKA / OBSCURE INK /	策 划 编 辑	林雨柔
	佐佐木刚士 / FLARE	内 文 制 作	吴燕婷